童颜教主美肌养成法

童颜教主美肌养成法

苏兰教主 著

南海出版公司
2014·海口

图书在版编目（CIP）数据

童颜教主美肌养成法 / 苏兰教主著. — 海口：南海出版公司，2014.8
ISBN 978-7-5442-7110-3

Ⅰ. ①童… Ⅱ. ①苏… Ⅲ. ①女性—皮肤—护理—基本知识 Ⅳ. ①TS974.1

中国版本图书馆CIP数据核字（2014）第078892号

TONGYAN JIAOZHU MEIJI YANGCHENGFA
童颜教主美肌养成法

作　　者　苏兰教主
责任编辑　张　媛　雷珊珊
装帧设计　上尚装帧设计
出版发行　南海出版公司　电话：（0898）66568511（出版）　65350227（发行）
社　　址　海南省海口市海秀中路51号星华大厦五楼　　邮编：570206
电子信箱　nhpublishing@163.com
经　　销　新华书店
印　　刷　北京中振源印务有限公司
开　　本　787毫米×1092毫米　1/16
印　　张　16
字　　数　230千
版　　次　2014年8月第1版　2014年8月第1次印刷
书　　号　ISBN 978-7-5442-7110-3
定　　价　38.00元

内容简介

外貌协会的同学都知道，懒是美女和丑女的分水岭。一个勤于帮助自己改善外貌，并涵养众人眼球的女孩，是可敬的。

想让树木从60岁变成30岁的状态，你会说“NO，那不可能”。我们要改变的是外貌而不是年龄，你可以把老树的新枝栽培好，让它看起来像30岁。同样的，我们可以通过努力，让童颜常驻。

我从人类外貌的先天遗传和后天改造两个角度入手，结合中医知识从体内到肌肤组织进行调理修护，重塑形体和容貌的美。并结合灵修使得自己达到身心愉悦的境地。

童颜究竟能不能实现，
做了才知道。

目录 | Contents

第1章 遗传型和非遗传型童颜美肌

1 遗传型

越漂亮的女人越容易老

天生丽质这个词蛮好，在唐朝用来形容杨贵妃最恰当不过了：雪肌玉肤，倾城倾国。帝王不爱那是瞎了眼。难怪会有不爱江山爱美人的佳句。可惜如今我朝姑娘坐拥古今中外洋洋大观的化妆品牌，却保养不出那份水嫩，佳人有了只可远观不可近视的“佳句”。

话说只有懒女人没有丑女人不假，可许多被化妆品毒害过重的姑娘得了“化妆品综合征”。想想都怕，有人统计一个女人一生要吃掉5斤口红，涂抹掉十斤乳液，实在是令人瞠目结舌。看来美是要有点尺度的，否则不但不美还浪费钱财。

别看帝王将相身后的那些千古佳人各个美貌倾城，这份美丽也会随着时间的流逝消失不见的。女人因为肌肤天生比男人薄，角质层的保护能力弱，水分营养都容易流失。再加上女人是感性动物，容易被喜怒哀愁左右，有研究表明女人面部表情比男人丰富，表情越丰富的人越容易出现皱纹。内外交加导致女人比男人容易衰老，因此保养是女人一生最必修的功课。

话说我有一位好友，自幼粉妆玉砌，人见人爱。但伊人竟然信奉自然美，敢于公开挑战众位“后天美女”，认为“养”出来的美不是真的美。结果这位哈佛大学毕业的漂亮女人，一贯素面朝天，不到30岁已经有了细纹，凭她怎么努力，肌肤也恢复不到当初肌如凝脂的水润状态了。越漂亮越容易老，此话不假。

肌肤原本就娇嫩，每天遭受脏空气的污染，毒素的侵蚀，紫外线的挑战，你还不给它充足的水分和营养，不是在眼睁睁地看着它变成老树皮吗?

天生丽质的人，在起跑线上遥遥领先，最后却是输家，女孩们一定要好好反省反省哦。

教主美贴

早晨起床后，先别急着吃早餐，空腹喝一杯柠檬茶，能给身体补充水分，柠檬还具有排毒功效，帮助你排除身体的毒素。柠檬中维生素C的含量比较高，能美白肌肤。每天要喝够八杯水，让肌肤始终被水源所滋润。这对干性肌肤的人尤其有好处。干性肌肤的人除了表皮缺水，身体水分供给也不充足，肌肤容易老化。所以，如果你是干性肌肤天生丽质的女孩，一定要坚持给肌肤保湿，为肌肤喝水。

美女变丑女，不是时间惹的祸

◎美女变丑是从细节开始的

你是美女还是丑女呢？这个问题让人啼笑皆非，因为美丽的外表是看得见的。但是美女不总是美女，保持美丽并不容易因为时间会带走你的青春，忙碌会让你没有时间去装点美丽，坏习惯会破坏你的美感。美丽不是总能经受住时间的考验，当女人步入30岁之后，五官的漂亮与否已经不再是绝对的优势，不漂亮的女孩也完全可以通过保养，摇身一变成为大美女。

女人之所以比男人容易衰老，是因为受到情绪的影响更严重。女人因为容易快乐，微笑更多；女人因为容易伤感，哭得最多；女人容易被恋情所伤害，所以难过得最多；女人做了妈妈，忧虑更多。这所有的情绪变化，对容颜都有一定的影响。我们看到经常笑的人，她们的嘴角是微微向上翘的。那些经常生活在忧虑苦恼里的人，她们的眼角更容易往下垂。年轻爱做鬼脸的小女孩，随着岁月的流逝会变成满脸皱纹的老人，你除了对时光的创造力感到惊叹外，也要知道，其实这些皱纹的产生也有女孩自身的原因。

◎面部表情过于丰富

这是女孩们的通病，那些性格活泼，喜欢浪漫的女孩，做出各种不同的表情，都让人觉得可爱。不满意的时候，高高撅起小嘴巴；开心的时候，睁大一只眼睛闭上另一只，使劲眨眼表示快乐极了；难过的时候，用牙齿咬住嘴巴，鼻子皱皱的。这些动作虽然可爱，却拉扯了肌肤。面部肌肤和身体的肌肤不同，你可以做一些按摩的动作，但是不能左右拉扯它。当美容师为你做美容时，她从来不会用太大的力气。同一个道理，面部舒展的时候，肌肤不容易产生皱纹，而撅嘴、皱鼻子、闭一只眼睛都会造成下巴、鼻子、眼睛周围和面颊的肌肤皱成一团。

◎用脸睡觉的女孩

这个习惯是毁掉你美貌容颜最大的刽子手。它远比太阳晒和做鬼脸危害更大。我们都有过脸贴在枕头上睡觉的经历，当你起床的时候，只有两种现象出现在脸上：第一种，脸上印着枕巾的花纹；第二种，脸上红红的皱纹像波浪一样。因为在睡觉的过程中，人处于无意识状态，你的脸部印下了枕巾的纹路，好比是一小堆石头，一直垫在脸下，面部本来平展的肌肤，被强行压进去一个一个的小窝窝。这些压成小窝窝的肌肤，都不同程度地被拉松了，而脸部贴在枕头上睡觉，面部的血液循环也很不好。大多女孩睡的时候不会顾及脸上肌肤是不是平展，脸上若是有不平展的地方，就会出现压痕。这些被压的肌肤，血液循环会很不好，被压皱的肌肤要恢复还需要一定的时间。保持这种睡觉习惯的女孩，不论你多么年轻，用不了三年时间，你的脸型会变，你的五官比例也会变，然后你的脸上会出现褶皱。美女就是这样慢慢变丑的。

◎自己“治疗”粉刺挤痘痘

事实上不自己“治疗”粉刺挤痘痘的女孩不多，谁让粉刺影响了你公主般的容颜呢？但是，“治疗”粉刺挤痘痘的结果只是让你暂时变美，却损伤了肌肤，对你来说以后再想恢复到光洁的肌肤，太难了。女孩们的“治疗”技术一般都不专业，挤痘痘的时候手指的消毒措施不好，容易引起肌肤红肿发炎，留下痘疤。这个痘疤要怎么去除呢？自然地消除需要一个月，而如果用去角质的洁面乳去除，虽然痘疤消失的速度快了，但是频繁去角质又损伤了肌肤。所以还是建议讨厌痘痘和粉刺的女孩，忍为上策。因为一个痘痘的生长和消失，短不过两三天，长不超过半个月。何苦为了一时的美丽，和它们过不去呢？

◎用一侧牙齿吃东西

用一侧牙齿吃东西，不但会使这侧牙齿的折旧率上升，而且还可能会产生一边脸大，一边脸小的情况，实在很影响美观。所以我们不能因为习惯，而使自己的脸型发生变化。假如你已经出现两侧脸庞不一样大小的情况，办法很简单，依然是尽量均衡地利用两边的牙齿，这样时间长了就能矫正过来。如果你认为自己的脸是一边大一边小，就用小一点的那侧牙齿吃饭，时间长了可能小的那边脸逐渐变大，但是大一些的那边脸因为肌肉运动突然改变了方式，而发生脸型的变化，你会为此更加头痛的。所以用齿方面一定要把握住均衡原则啊！

教主美贴

我们总是抱怨：怎么又长痘痘了，怎么手臂肌肤又有红点了，怎么嘴唇老是干燥，怎么牙龈总是流血……无论你如何保养，似乎虽没有大的问题，但是小问题却总是不断。总为这些小问题焦虑，让你非常烦恼。其实这些问题大多都是小毛病造成的。比如牙龈出血，人的牙齿最适应35至36.5摄氏度的温度，用冷水刺激牙齿将导致牙龈出血、牙髓痉挛发生，只要注意用温水刷牙，就能避免这种事情的发生了。而嘴唇较干燥，可能是不注意补水，或者总是等到口渴了才喝水导致身体缺水，血液循环速度降低，口唇就容易干燥。肌肤上的小红点，大多是因为肌肤受到刺激造成的。我们要经常更换床单，对于那些贴近肌肤的物品，在清洗完以后，最好能放在盆中继续泡一会，再晾晒。身上的小红点也有可能是香水造成的，很多女孩习惯于洗澡后直接把香水喷洒在身上。香水中的檀香油、麝香、柠檬香及酒精等成分，在阳光照射下分解成有害物质，刺激肌肤，使你感到灼痛，肌肤出现红点。使用香水可以采用擦的方法，不改变香味的浓度，但却能对肌肤的伤害减小。

2 非遗传型

心理年龄VS生理年龄

我们现在能看到白发苍苍的女人越来越少了，因为大家都会采用先进的办法来掩饰住这些“不美”的环节。哪怕是70岁的老太太，也会顶着一头的黑发、棕发或者金发。假如不看脸，你根本不知道她已经70岁了。现在确定人年龄最简单的办法，还是看面部肌肤，看得细致些的人，还会看脖子和耳后肌肤。想年轻，这些部位的保养是重点。但是保养归保养，衰老毕竟是不可抗拒的趋势。假如你看到70岁的老奶奶，依然像30岁的少妇那般风韵，一定会感到很恐怖。就像我曾经给你们讲过的那样，不要过分违背生理年龄。

一位年轻时候漂亮非凡的女人，因为漂亮一直自视甚高，到了36岁，依然没有找到心目中的白马王子。白马王子没有找到就罢了，公主的容颜已经开始衰老了。她非常痛苦，经常抱着自己20几岁的照片看，边看边流泪。后来听说雌激素有焕肤功效，能够让女人保持年轻。于是在没有医生的帮助下，自己联系了广告里的产品，开始服用。2年以后她感觉自己的容貌的确年轻了许多，38岁看起来最多28岁。可是问题又来了，每次约会的时候报上自己的年龄，男方都觉得很假。她感到非常郁闷：“30多岁的人，看起来像20多岁不好么？男人是怎么了。”她谈了好几位成功男士，都因为这个问题搁浅了。后来打电话向我咨询，我当

即告诉她，长期大量服用雌激素，可能导致乳腺增生，而且破坏了身体内激素平衡，有可能导致不孕，建议赶快就医。这时她哭了出来，其实在服用雌激素3个月的时候，她就已经发现乳房胀痛了，可是肌肤也开始变好了，于是她实在放不下，不愿意终止。没有想到“挽回了青春”却是要付出别的代价。

她就医后，果然发现乳腺增生比较严重，还好没有贻误治疗，她打电话来感谢我。

每位女孩一定都有留住青春想法，尤其到了30岁以后，对那些以前不屑一顾的“留住青春不是梦”的小广告开始正眼来看了。殊不知小广告一但“事发”，不光让你刚“挽回的青春”反弹得更厉害，而且还会造成不良的后果。

女人啊，问问自己，我们究竟该年轻多少岁才能满足呢？容颜在一定程度上会影响你的心理成熟度。假如你拥有20岁的容颜，30岁的年龄，那么你在30岁这个女人应该成熟的阶段可能就成熟不起来。成熟不起来，但是年龄大了，举止上你是依然选择20岁清纯的造型，还是30岁成熟的风韵？很难抉择，所以保养容颜最好的办法是将年龄控制在比实际年龄小3至5岁就可以了。

这样你不但能享受到周围人夸你年轻的赞誉，还能保证正常的心理年龄不受到影响。

日本的美容师发起过一次实名登记的调查，发现大多数女人都已经意识到了这个问题。500位女孩里面300位女孩认为，最好能比实际年龄年轻5岁；而大约180位女孩认为，能年轻3岁就可以了，太年轻显得幼稚，不如做熟女那样随心所欲。不难看出，希望更年轻些的女孩占多数。对于第二个问题：你如何使自己年轻？其实66%的女孩都选择了：只要你更自信，就显得年轻；20%的女孩选择重新定位自己的造型；

11%的女孩选择了整容。

的确，年轻首先是心态问题。其次才是改变自己的造型，如果当你对美丽的外貌有更高的要求才需要选择整容。

教主美贴

人都在一天天走向衰老，女人追求年轻的步伐是无止境的。因为我们都被灌输了：衰老就是不美的。事实上生理年龄增大一岁，人就更加靠近成熟。那些没有经过沉积的灵魂，没有丰富的阅历和故事的人生是不完整的。只要你喜欢自己，那么周围的人也会喜欢你。当人到达一定的年龄，成熟的韵味和气质，往往比外表更重要。一位经历许多风雨的老人，可能拥有一颗童心，一个20岁的女人，也可能老气横秋地哀叹命运。没有乐观的心灵，再美好的外表都没有意义。最好的化妆品是来自心灵最真实的快乐，我们无法挽回年龄的流逝，但是我们能从流逝中采摘到美丽的花朵。

如何真正使自己年轻——心态是美丽圣经

女孩们处于鼎盛的青春年华，肌肤秀发甚至身姿都那么美丽，但是心灵却不成熟。等到女孩拥有了成熟的心态，已经有了少妇的风姿。人总是不能什么都获得，也不可能什么都没有。有人说过，每个人都是上帝咬了一口的苹果。我们经常听到20岁出头的小美女，戏称30岁的女人老太太。而30岁的女人，看见20岁出头的女孩风风火火，会丢一句：“小黄毛丫头，毛还没长齐，慌里慌张的”。20岁的女孩羡慕30岁女孩的淡定和风韵，30岁女孩羡慕20岁女孩的活力。虽然被称为“老太太”不太顺耳，但是20岁的女孩离进30岁的门槛也不远了。

一位钟情舞蹈的法国女人，无论走到哪里都能把浪漫快乐的气息传

递给大家。很多人都说她天生就是尤物，美丽的外表，美丽的心灵，她都拥有。可是在夜深人静的时候，她却独自落泪。这个美丽的女人，出生在一个单亲家庭，很小的时候，父亲就离开了她们，母亲因此而有点精神失常。她对父亲几乎一无所知，母亲也选择了不告诉她。但她还是从母亲的日记里知道了自己的身世：她是一个私生女，父亲20岁就喜欢上了18岁的母亲，但是他们一直没有结婚。开始他们认为他们彼此拥有爱情，婚姻这种老套的形式根本没有意义。直到五年后，父亲告诉母亲他要离开他们，因为父亲突然想拥有一个稳定的家庭。这使母亲不知所措，因为最初的选择，她从来没有准备好建立一个家庭。

父亲爱上了别的女人。母亲不到30岁，就显得衰老，虽然恋爱失败在人们眼中是那么平常，但是对于18岁的初恋，母亲始终难以忘怀。她选择了挽回爱情，十年里一次又一次遭到了父亲的拒绝，直到最后连打电话的力气都没有了。母亲从此再也没有了往日的俊俏，稍微打扮就能显得美丽非凡的母亲，整天懒于梳洗，很少穿新衣服，时常唉声叹气。仅仅几年的时间，皱纹就爬上了母亲的脸，头发也白了很多。而看看那些30几岁的女人，衣着光鲜，脸似银盘，她从心底里为母亲难过。这场恋情消磨掉了母亲对生活的热情，把她从一个美丽的天使，改造成了一个毫无生趣的女人。

谁都想象不到母亲的内心遭受着怎样的煎熬，像母亲这样完美的女人，也会被男人抛弃？

母亲终于放弃了。放弃的那天，似乎一下轻松了，再也没有叹气。可是再打扮起来，已经完全没有了往日的风采。母亲看着镜子里的自己，感觉陌生极了。

她从小受到母亲的熏陶，非常有艺术气质。她每天勤奋工作，然后就是回家照顾精神失常的母亲。两个女人守着一个破碎的家，慢慢开始有了温馨的感觉。母亲逐渐将视线转移到了她身上，母亲能从她获得的每次奖励得到快乐，所以她拼命努力着。她们的生活逐渐充满了乐趣，不再有失落感，她能感觉到母亲是真正地快乐起来了。

然而，母亲在41岁那年因为乳腺癌去世了，一切的爱恨都随着母亲的去世消散了。她却一直打不起精神，直到读完母亲的日记才发现，原来母亲知道在世最后那几年，家里为什么充满笑声——母亲真正从自己的情感世界里解脱出来了。她不再为了父亲而生活，她找到了自己的生活。看到这里，她泪流满面。她终于明白为什么母亲要把日记留给她，就是为了让她读懂——女人要快乐！

长期的压抑和痛苦，情绪得不到疏导，是引发母亲得乳腺癌的主要原因。母亲为了不让她步自己的后尘，把日记交给了她，就是不希望自己去世以后，女儿也像她那样痛苦。

当她明白了这一切，明白了母亲的苦心，感受到母爱的深重。她洗去脸上的泪痕，心情轻松了许多。她没有憔悴下去，一直活跃在舞台上。

她家的邻居是一位和善的老太太，自从母亲过世以后，老太太经常请她到家里来吃饭。后来老太太的老伴68岁那年也去世了。老太太把自己锁在家里一周后，就恢复了往日的笑脸，依然像老伴在世时那样快乐忙碌。在一次她陪老太太去购买家居用品时，家居用品的老板对她说：“你母亲可真年轻真漂亮！”她听到这句话非常高兴。后来家居老板知道女孩现在单身一人，就向她求婚了。

好心态不仅仅使人年轻，更多的是，好心态是在给自己创造幸福的机会。当你拥有了幸福的机会，又怎么会再回到伤感的世界中去呢？养颜的最高境界就是好心态，好心态是养颜的法宝，也是养颜的圣经！

教主美贴

女人是这个世界一道独特的风景，男人爱看女人，女人更爱看女人。女人与女人之间有很多比较，有欣赏的，有偏见的，有赞美的，有批判的。我们唯一能做的就是坦然接受。通过化妆，通过穿衣都能让你变得美丽。而只有自信才能真正让你不再依赖这些东西的衬托，变得更美丽。因为他人的评价而改变的女人太多，或许那是因为自己不完善，不够美好。但是当你过于注意别人的看法，一味地满足他们的想法时，就变成了自卑。每个人的审美角度不同，或许在这个人眼中不美，但是在另一个人的眼中，你就是美丽的天使。美丽不要盲目，需要更好，更成熟的判断力。都说微笑的女人最美，随时随地的微笑，是一种乐观自信的态度。自信的女人最美，自信是女人最好的化妆品。

3

人体衰老的标志

你的双唇几岁了?

你知道自己双唇的年龄吗？女孩们一听就会感到惊奇：嘴唇也有年龄吗？对，嘴唇是有年龄的。我们经常看到素面朝天的90后女孩，那柔美的双唇，娇艳似火，清丽如雨滴。再看看80后女孩的双唇，色泽柔和不均，大多涂了润唇膏或者口红，但是却没有多少滋润感。再来看看70后女孩的双唇，已经被口红的重金属所伤，大多数唇都显得苍白或者色泽过重。可是我们也见过60后的女人，虽面部皱纹已经爬满额际，但嘴唇却依然柔软滋润。为什么70后、80后的年轻女人们，有着旺盛的精力，身体各方面都到达人生的最高峰，嘴唇却不如90后的小女孩或60后的大姐姐们呢?

那些双唇色泽浅淡或者深重，唇部肌肤干燥起屑或者出现裂纹的女孩们，不要发愁，除了平时少吃些辛辣食物，多喝水外，你完全可以通过使用玻尿酸的保湿精华液，帮助唇部吸收500至600倍的水分。很快你的唇纹就会消失，当你发现唇部恢复了滋润的感觉，赶紧将润唇膏擦上，防止水分再流失。

◎让丘比特之弓更个性

完全依靠化妆品的功效，会让你忽略唇部的真实状况，所以日常护理是绝对少不了的。我们的嘴唇呈现弓型，弓形区是整张美唇最吸引人的部位。它就像一把弓，一把丘比特之弓。为了让唇形保持这个鲜明的轮廓，你的按摩指法一定要过关。无论春夏秋冬，唇都是身体最容易受伤的器官。你可以涂点蜂蜜在唇部，然后像弹钢琴一样，先轻点唇部，再用手轻轻捏。捏的时候从嘴角开始食指在上拇指在下，捏住一小块唇部肌肤。到中间轻轻翘起的部分时，拇指喝食指并排来分别捏住两个唇峰。对捏只有唇峰这个部位使用，其他部位的指法都是拇指在下，食指在上。

◎唇部干燥一扫而光

唇部干燥发生率是100%，所以女孩们也越发不重视了。只要感觉唇干，除了喝水就是舔舐唇部。喝水能帮助肌肤补水，对缓解唇干有一定作用。但是舔舐唇部后，唇部原有的水分在蒸发的同时还会带走更多的水分，导致唇部更加干燥。唇的保湿其实和其他部位肌肤的保湿没有什么区别，你经常给面部贴面膜，也可以给唇部来个唇贴。唇贴能帮助唇部保持水分。唇贴不宜使用太凉的，所以在使用前最好先别去包装，放进温水里泡一会，等唇膜温暖些再贴上。这样温暖的唇膜让唇部吸收得更好，而且更滋润。假如你不喜欢用唇膜，也可以晚上涂些牛奶和蜂蜜在唇上，早晨起来唇部也会很滋润。如果你的嘴唇并不仅仅是缺水造成的干燥，那最好能给它补充一些维生素。维生素E是最好的选择，它具有很强的抗氧化功能，还能够促进细胞的新陈代谢。晚上剪开一粒涂在唇上，清晨的时候你会发现唇部非常柔滑，是维生素E的作用帮助你修复了肌肤，促进新肌肤的生长。

在嘴唇经常干燥裂缝的阶段，一定不要给唇部去角质。因为唇部并不像肌肤那样，有很多毛孔，如果不去角质，毛孔会被脱落的角质堵塞。唇部干燥脱皮后，立即使用去角质的产品，会损伤嘴唇表面刚长出来薄薄的新皮，新一轮嘴唇干燥和脱皮问题就又出现了。刚修复的嘴唇，可能表面有一些角质，如果影响美观，你可以用温水清洗，轻轻用手指滑动，那些已经死亡的表皮就脱落下来，不要用力去撕扯它。

嘴唇只要开始干燥脱皮，唇纹就出现了。深深的唇纹不但给人干燥的感觉，而且也是衰老的标志。如何除去唇纹，重现饱满而红润的嘴唇呢？你可以采用富含胶原蛋白的唇部修护精华，最好在晚上涂抹这种精华。

当干燥和唇纹都消失了，再辅以轻轻按摩揉捏，很快你的嘴唇就从30岁下降到20岁啦。要知道，嘴唇的年龄可不像肌肤那么难改变哦，只要你肯下点功夫，就能起到好效果的。

教主美贴

擦唇彩唇膏，就像给身体穿衣服一样，其实是一种表面的护理工作。无论多么好的唇膏，当嘴唇发炎或者红肿，也不能让唇部舒适。所以当你的嘴唇发生干裂或者红肿的等情况，最重要的是多喝水。喝水能给嘴唇补充水分，同时能帮助身体带出一些毒素。很多女孩喜欢吃比较辛辣的食物，几乎餐餐离不开辣椒。有的女孩喜欢口味很重的食物，也有的女孩热衷于油炸食物。这些食物接触到嘴唇，会使嘴唇产生刺激的反应。刺激性的来源一般都是食物，不能减少此类食物的摄取，就很难真正改变嘴唇的状况。

嘴唇有不同的颜色，健康美丽的嘴唇应该是粉红色的，比较滋润，唇线清晰。而很多女孩的嘴唇发白，发白的嘴唇大多是身体贫血造成的，需要给身体补血。而25岁以上的女孩有很多人嘴唇发紫，看起来不够美观，这是什么原因造成的呢？——缺氧。为了改变这种状况，建议女孩增加锻炼量。

警惕毛孔衰老

毛孔原本比较大的女孩，会苦恼于自己化妆比较费劲。而毛孔本来很小，现在正逐渐变大的女孩，则要警惕肌肤衰老了。肌肤的衰老主要是因为年龄增长，肌肤里胶原蛋白的含量减少，弹力蛋白变得纤细易断。这时，我们能看到毛孔周围的肌肤出现了松弛的现象。而从前圆圆的小毛孔也会因为肌肤的衰老而变长，成了一个个竖的椭圆形。肌肤的衰老能通过补充胶原蛋白得到缓解，但是毛孔的衰老即使使用收缩水效果也不明显。所以，我们要当心毛孔衰老的出现。女孩们脸上的毛孔只要有三种：缺水造成的毛孔粗大，角质太厚堵塞毛孔使得毛孔变得粗大；洁面时总是喜欢使用水温过高的水，使毛孔增大。

有的女孩感觉自己的肌肤虽然比较干燥，但是比较细腻，只有鼻子两侧的毛孔却比较大。特别是有时候洗完脸，没有擦乳液的时候，鼻子两侧的毛孔清晰可见。其实，这种情况就要开始注意毛孔是否已经开始衰老了。因为当毛孔附近的肌肤胶原蛋白流失后，肌肤松弛下来，毛孔也就比较大了。如果补充胶原蛋白，毛孔依然得不到好的收缩效果，那么毛孔的衰老可能是因为肌肤缺水造成的。肌肤干燥缺水，毛孔周围的角质层变薄了，毛孔周围的肌肤出现凹陷，毛孔就清晰可见。缺水型的毛孔衰老可以采用水分子细腻的保湿乳液、面膜或者补水效果好的精华素来解决。擦上乳液后，在面部轻轻地打圈，让乳液被肌肤吸收。打圈的力度不要太大，目的是为了促进面部肌肤的血液循环。当面部血液循环好了，水分和营养的供应加快，就能有效地帮助收缩毛孔了。

夏季来临，人体皮脂腺分泌开始变得非常旺盛，油性肌肤的女孩要注意清理肌肤的角质。角质层太厚，肌肤吸收水分的能力减弱，排出油脂的能力也减弱了。这时，缺水的毛孔里分泌过剩的油脂堆积起来，使肌肤长出痘痘和粉刺。有的女孩担心毛孔粗大影响美观，去角质过于勤快。角质层对肌肤有一定的保护作用，如果每周去一次角质，超出了肌肤的修复能力，肌肤这时受到外界刺激，很容易变黑。去角质不要太频繁，根据肌肤的生理周期进行最好。肌肤的生理周期大约是28天，女孩们可以在经期前几天去角质，那时肌肤显得暗淡，但是等经期过去，雌激素水平上升，肌肤自然就恢复了光洁。

冬季我们都会使用温水洗脸，但是也有许多女孩常年使用温水洗脸的。当水温超过35度，洗完脸后毛孔大张，虽然能帮助清理毛孔里的皮脂和角质屑，但是毛孔恢复起来并不轻松。如果你习惯用温水洗脸，那么最好的办法是:

先用温水打湿脸，然后用洁面乳洁面，洗的时候轻轻按摩面部肌肤，然后用清水洗掉泡沫。这道工序做完后，不要着急擦化妆水，再用冷水清洗一遍。用冷水清洗的时候，我们能感觉到肌肤迅速收缩，这时毛孔也缩小了，此时再擦上擦上化妆水和乳液。

毛孔的衰老和肌肤的衰老并不一定成正比，我们经常能见到肌肤皱纹满面，但是毛孔却比较小的老人。女孩们要养成好习惯，不要去挤脸上的痘痘和粉刺。当痘痘和粉刺生成，挤压它们会使毛孔增大，而且挤压的过程用力很大，容易损伤真皮。

教主美贴

有的女孩青春期毛孔很大，但是仔细看会发现，年轻女孩肌肤毛孔即使很大，也非常饱满，这是不同肤质造成的。肌肤再好的女人，如果经过紫外线照射后肌肤受伤，肌肤的免疫力也会下降，日光对细胞DNA造成了损伤，你会发现这些损伤的地方，毛孔出现了老化，很难恢复到原状。同时，污浊空气的污染对肌肤伤害也很大。脏空气让肌肤产生了大量的游离基和毒素，肌肤就会失去弹性。水分是修复这些问题所必需的物质，健康肌肤的基础就是水分，真皮层、表皮层、角质层。它们就像一层层墙，保护肌肤不受外界伤害。假如少了水分，肌肤缺水的部分就会坍塌下去，出现凹凸不平的表面。当我们身体的保湿因子分泌得达不到肌肤需求的时候，一定要自行补充。

警惕老化现象——手臂松弛

夏季当你举起玉臂遮挡刺眼的光线，是否会情不自禁地注视一下它，十几岁的时候，手臂肌肤线条不够圆润，但是健美有力，到了二十多岁，手臂出现美丽的弧形，肌肤珠圆玉润。不经意间，手臂给了你许多自信，你会为它的修长，弹力感到自豪。但是这个令你最放心的部位，有一天发生了变化，你是否会无法接受呢？因为人体随着年龄增大而逐渐老化，肌肤在地心引力的作用下逐渐松弛，胶原蛋白越来越少，并不是只有脸会逐渐变老，再美的脸庞，再美的身姿都会老去。最美不过自然地老去，但是很多年轻女孩却发现，手臂出现了早衰现象。在惊恐之余，我们不得不感慨时间的流逝是多么无情。但是有多少人会从保养的角度来思考呢，你究竟为手臂的保养做过一点什么吗？

据我所知，到一些知名美容院做美体的女孩中，基本上没有要求按摩师给她们做手臂护理的。我们为什么对自己的手臂肌肤如此自信呢？

主要是因为每天我们都在动手，都在做着拿，放，拎等动作，以为手臂就得到了好的锻炼。甚至很多女孩知道泡澡后给身体擦上乳液，却唯独把手臂忘记了。做过美容的女孩都知道，手臂靠近手腕里侧的肌肤，是比较健康的。

当手臂的肌肤下垂，你发现这里的肌肤并不像你想象中那么坚强。我们来看看究竟是什么原因导致了我们的手臂肌肤松弛呢?

◎城市森林造就的淑女

东方女人以娴静为美，过于奔放和热烈的女孩毕竟是少数。这些娴静的女孩每天所做幅度最大的动作就是穿衣服，而穿衣服的过程仅仅十几分钟就完成了。那么如果你总是爱看电视，可能会靠着，双臂处于悠闲状态。当你做事，在电脑前缩着双臂，几个小时不怎么活动。很多女孩都感觉坐的时间久了，不仅仅腿部感到酸麻，手臂也很酸。

长时间处于冷而僵的手臂，逐渐丧失了活力。手臂上原来的肌肉，逐渐变成了脂肪，手臂浑圆的造型，因为缺乏锻炼逐渐改变。这种改变是悄无声息的，等到你发现，支撑手臂线条的肌肉基本上已经没有了。

那些经常去健身房的女孩，最关注的是自己的三围，很少有女孩为了自己美丽的手臂努力。

◎淑女也为美疯狂

我们不得不承认，手臂的下垂是我们的心理造成的巨大疏忽。

想要改变已经下垂松弛的手部肌肉，是一件非常不容易的事。你需要制定一个好的计划，一点点去改变它。

恢复力量。你可能要做的第一件事就是恢复力量的锻炼了，你需要先好好活动关节，让关节部位温暖起来，才能开始锻炼肌肉，否则直接进行锻炼，一直僵直的肌肉会出现严重的酸痛，影响锻炼的成果。关节感到温暖以后，拿两个5斤重的哑铃，轻轻伸缩，把你的手臂从提三分钟重物就感到酸痛，练到能提十分钟。每次锻炼强度不要太大，手臂部位肌腱的力量恢复需要大约2个月的时间。而手臂的锻炼，不像其他部位那样，容易反弹，手臂肌腱逐渐强大起来，能够为你的手臂支撑出漂亮的造型后，这种成果很容易保持。

教主美贴

我们每天生活在地心引力的作用下，面部肌肤如果得不到好的保养，就会松弛。所以，我们一定要积极地进行防治：

1.假如你一直体重过重，那么你得想办法控制。因为肥胖往往是造成肌肤松弛的一个重要原因。停止吃过多的甜食，放弃对零食过多的青睐。

2. 每天有规律地护肤。如果你已经超过25岁，那么建议你每周做一次面部保养。3至5天给自己做一次面膜。这样可以减少那些新出现的细小肌肤皱纹。在自己护肤的过程中，给肌肤做做按摩。促进肌肤血液循环和新陈代谢

3. 一定要习惯使用紧肤水。假如你的面部肌肤已经出现了松弛，额头也出现了一些皱纹，这些情况可能是在护肤的过程中，动作过大，或者总是使用温水造成的。

别让内分泌失调击中你——内分泌

美丽就不能有痘，当我们看到脸上长痘痘的女孩，就会想到她可能内分泌失调，所以肌肤不好。内分泌失调，使女人爱美却难以得到美。月事警告，腰的状态，脸上出现斑点，脾气改变……有多少人真正明白内分泌究竟是怎么回事？脸上长痘痘，肌肤粗糙，肥胖和内分泌有什么关系呢？造成内分泌失调的原因藏在哪里呢？

女孩在小的时候，完全不需要担心这些问题，到了青春期，越来越多的女孩出现内分泌问题，最典型的就是有的女孩爱长痘痘，有的女孩夏天不敢穿裙子，因为体毛太多了。内分泌从青春期开始，就越来越不“规矩”了。内分泌失调带来无数的困扰，甚至需要服用一些药物来控制它。而对于造成内分泌失调的罪魁祸首，我们却很少深究。青春期开始女孩们发现自己的女人特征越来越明显了，人也变得越来越敏感。都说女人心思是海底的针，很难猜透。这个时期女孩的性格也在发生巨大的变化，泪水是青春期的产物，很多女孩碰到不如意的事情，就会掉眼泪。其实哭是发泄情绪的好办法，假如你的情绪非常糟糕，却始终把它藏在心里，那长期的精神紧张和情绪改变反射到神经系统，就会造成激素分泌紊乱。所以情绪是女人美丽健康的开关，一定要把控好它。

内分泌失调是一些妇科疾病产生的内因，当女人内分泌失调，生理上最有代表性的就是月经不调。正在减肥的女孩也要注意，经期如果营养供应不充足，也会造成内分泌紊乱的。有的女孩内分泌失调，出现经前乳房胀痛，甚至造成乳腺增生。

那么肥胖是不是内分泌造成的呢？一旦内分泌紊乱，就会影响脂肪的代谢，即使你吃很少的食物，也很容易长胖。内分泌失调还会造成头发早白，人体早衰，甚至引发癌症。

身体激素水平失衡，造成内分泌失调，不仅仅会影响容颜，还会对乳房，子宫等器官造成伤害。爱美的女孩们，养颜要从身体内部的土壤开始培植，才能浇开靓丽的容颜之花。

在西方，调理内分泌要根据不同的病因，症状和体质，严重程度等等，采用相应的措施治疗。用药物抑制激素分泌过多，或者抑制激素合成。而对于激素分泌过少的情况，则对症补充生理剂量激素。

我们平时要注意保证充足的营养和睡眠，多吃新鲜水果蔬菜。养成好的生活习惯，调整内分泌状况。避免过度劳累和激动，不要去污染太严重的地方。尽量保持好精神愉快，不要思虑过多。努力为自己的生活营造阳光而平和的气氛。从情绪，环境，习惯和营养四个方面对内分泌。

教主美贴

有多少人在忍受着内分泌失调的困扰？似乎内分泌出现问题，往往不能自动修复。那么造成内分泌失调的因素有哪些呢？

女人身体内分泌各种激素和神经系统一起调节人体的代谢和生理功能，能够使我们的生理处于平衡的状态。假如其中某种激素过多或过少了，就会造成内分泌失调。

内分泌问题越来越向年轻化发展，这和饮食有直接关系。偏食是造成内分泌问题的一个重要原因，很多女孩为了减肥而节食、偏食导致身体内分泌失调。此外环境因素也需要重视，在我们生活的环境里，居室，食品，日常用品等等，基本上都存在着污染。那些有害的化学物质通过各种渠道进入人体以后发生一系列的化学反应，使得人体内分泌失调。

第2章

童颜美肌形成的内因

1

胎内气血足

气血是气球中的空气

女人的面色就像一面镜子，我们通过它了解自己的身体气血是否充足。很多女孩以为，如果面色苍白就是缺乏营养，眼睛有血丝可能是睡眠不足，很少会把它们与身体的气血不足联系在一起。女孩们都知道草莓，樱桃这些好吃的水果都是养颜的佳品，却不知道它们如何养颜。其实，这些水果之所以养颜，就是因为补血的功效比较好。在西方，人们喜欢在蛋糕里加入樱桃，在面包里加入草莓酱，这些吃法逐渐流传下来，也是我们美容的法宝。女孩们爱美，就要先从气血入手，因为只要气血充足，我们的容颜才能长久保持靓丽。

有一些小窍门，帮助你了解自己的身体是否气血充足。我们来看几个身体细节的擂台：

肌肤

气血不足	气血充足
肌肤粗糙	白里透红
没光泽	有光泽
发暗	弹性
发青	无皱纹
长斑	无斑

头发

气血不足	气血充足
干枯	光泽度好
掉发	颜色均匀
发黄	光滑不干燥
发白	浓密
开叉	柔顺

眼睛

气血不足	气血充足
眼白混浊	能随时睁大
发黄	明亮
有血丝	眼白没有杂色
眼袋大	滋润，没有干涩感
眼睛干涩	眼睛分泌物不多
眼皮沉	不胀痛

耳朵

气血不足	气血充足
耳朵小	圆润
僵硬	肥大
变形	饱满
萎缩	粉红色
枯燥	有光泽
有斑点	无斑点
皱纹多	无皱纹

指甲

气血不足	气血充足
没有半月形或只有大拇指上有半月形	半月形占指甲面积的1/4~1/5，
半月形过多过大	食指、中指、无名指不超过1/5

睡眠

气血不足	气血充足
入睡困难	入睡快
易惊易醒	睡眠沉
夜尿多	呼吸均匀
呼吸深重，打呼噜	一觉睡到自然醒

发现气血不足，你该如何补血？让红色食品助你一臂之力吧！

颜色比较红的食物，具有促进人体巨噬细胞活力的功能。当你体质变弱，被感冒缠上时，一定要多吃一些红色食品，因为巨噬细胞是感冒病毒的天敌。同时，红色食品还富含番茄红素、胡萝卜素、铁和部分氨基酸，又是优质蛋白质、碳水化合物、膳食纤维、B族维生素和多种无机盐的重要来源。需要补血的女孩岂能放过这种天然的补血剂！

在美国，很多女孩会选择吃有机食品，有机食品含有营养学家认为，红色蔬果最典型的优势在于它们都是富含天然铁质的食物。像樱桃、大枣等都是气血不足女孩的好帮手，你可以平时吃，也可以在经期失血后多进补一些。

教主美贴

据有关资料显示：亚洲女人患贫血的比例比较高，平均每四到五个女人中，就有一个是贫血患者；若以年龄分布来看，20岁至24岁之间，罹患的比例约二成，25岁至29岁之间有三成。造成女人比男人容易贫血的原因，可以归因于男人比女人循环血量多、女人较男人更需要铁质，特别是在生理期、怀孕期，铁质补充不够，就很容易引起贫血。在临床上，贫血的表现为肌肤苍白、面色无华、疲倦、乏力、头晕、耳鸣、记忆力衰退和思想不集中等。

贫血的女孩要多摄取补血食物，缺铁性贫血多吃含铁食物。同时要多摄取维生素C，因为维生素C能够促进铁质的吸收。

气虚、血虚和肾虚——再美的花朵也没有绽放的机会

梅迪雅开始深夜给我打电话，她的焦躁不言而喻。脱发、脸色灰暗、身材臃肿、脾气暴躁、动不动就发火。她告诉我说：有魔鬼来到了她的心里！我为她的不安难过，但是因为相隔两地，我们不方便见面，于是我耐心地记录了我们的每次谈话，想帮她找到问题的症结。

这个只有24岁的小女人，告诉我，早晨起床，她发现自己留在枕头上的发丝，立刻就心情不好。接着洗脸照镜子，镜子里一对黑黑的熊猫眼，让她以为是半夜看到了鬼魅。或许是这些消极容貌的影响，她觉得自己开始衰老了。意识到这一点，衰老的速度更快了。她不再对那些时尚的奢侈品感兴趣，男朋友的约会也都是在月光下进行的。我知道她开始丧失自信了，她在逃避。她经常感到气短胸闷，因为运动量小，总是喜欢躺着靠着，血液循环差，身体气血虚弱。

每个女人到达这个年龄都有不同程度的恐慌，但是自信能我们渡过这个难关。很少有女人会在发现自己有第一条皱纹的时候，就认定自己老了。女人们都会认为那时无意造成的假皱纹，它们会消失的。如果它们不及时消失，100%的女人会去美容院或者买昂贵的眼霜消灭它们。

梅迪雅告诉我她的经期总是一直推后，根据她的情况我初步判断是贫血。世界上五个女人中就有一个贫血。血量充足的人面色红润靓丽、经血正常、精力旺盛，而贫血的女人面色萎黄无华、唇甲苍白、头晕眼花、倦怠乏力、发枯肢麻、经血量少、经期延迟。当严重的贫血发生，就会早生皱纹白发白。

我们完全可以自己测试一下是否患有贫血：

清晨照镜子，你发现自己脸色不好；

你是否总是容易疲倦，感觉呼吸困难；

喜欢坐着或者躺着，总觉得没有力气；

不想吃东西，除非口味非常刺激的才有些食欲；

平时很怕冷，月经总是推迟。

造成贫血的原因很多，膳食的微量元素摄取不足是主要原因，月经过多和溶血性贫血伴含铁血黄素尿或血红蛋白尿等也容易引起缺铁性贫血。建议青春期的女人多摄取含铁量较高的食物，或者采用补铁剂。

气血虚弱得不到补益，会造成肾虚，我们可以通过月经量的多少和时间定位自己的情况。经量少表示血虚，经量多表示气虚，如果经期提前或者推后表示肾虚。其实，一般只要气虚的女人基本都血虚，气血和肾是息息相关的。

梅迪雅开始明白补血对任何阶段的女人都非常重要，经过一段时间的补血调养和锻炼，她的脸色恢复了正常，再也不会说自己已经老了。

教主美贴

很多人发现自己整天提不起精神，胸闷气短，记忆力下降，晚上经常失眠。出去不一会就会感到头昏脑胀、腰酸背痛、下肢乏力。这是气血肾虚弱的表现，这时你就需要补血了。也许这些征兆在你身上只有一点两点，那么配合下面的一些表象来排查一些吧：

无法熟睡，入睡后多梦、梦中又容易惊醒。起床后发现自己眼皮肿胀，眼袋浮肿。

经期经常腰酸背痛，食欲不好，发生腹泻便秘。

看书或者电视一会就会觉得疲劳想睡，眼睛干涩。

不想外出参加群体活动，经常情绪不好，性生活后非常疲惫。

2

后天阴阳平衡

调控身体小江南

我们生活的地域有区域之分，地域不同节气的差别非常大。身体也是有节气变化的，四季我们的感觉都是不一样的：春天燥，夏天热，秋天凉，冬季干。对于地域的自然气候变迁我们没有办法控制，但是女孩们却能通过调节来平衡身体的“四季”。假如我们无视身体的“气候反应”，让肌肤长期处在不“恒温”的状态下，肌肤就会出现干燥细纹，湿疹，痘痘，暗沉等情况。我们经常能看到即使化了妆，嘴唇还是非常干燥的女孩。妆容并不能掩盖嘴唇失水的状况，即使再给干裂的唇部涂上油脂，嘴唇依然线条粗重。当我们感觉嘴唇干燥，最简单的方法是喝水，喝水能补充身体的水分。虽然这样干燥的嘴唇也不会马上变得滋润，但是身体的大环境不缺水了，还怕嘴唇会缺水吗？干燥可以通过喝水解决，但是身体感到凉，或是有闷热感就不是喝水能解决的了。调节身体的温度和湿度方法很多，除了要多喝水以外，控制周围环境的温度和湿度也是一个好办法。

◎环境的温度和湿度的影响

盛夏时节，人们待在温度超过32度的房间里，会感觉非常闷热。温度过高，影响了人体的体温调节功能。这时，身体不断出汗，但是依然

感到很热。散热不好，人的体温会持续升高，血管舒张，毛孔张大，脉搏和心率加速，人体会感觉疲劳呼吸困难不舒适。

在冬天，假如把室内温度调整到25℃以上，我们很容易感到疲乏、头晕、反应比较速度减慢。但是如果室内温度过低，则会使人的呼吸会减慢，肌肤过度紧张，呼吸道粘膜的抵抗力减弱，容易感冒或者发生呼吸道疾病。

同样的，如果房间里湿度太小，我们呼吸道粘膜的水分散失的速度很快，即使经常喝水，也会感觉到口干舌燥。女孩们在太干燥的房间里休息，早晨起来会感觉自己的喉咙瘙痒，声音变得有些嘶哑，鼻翼内有血丝。这种情况能通过喝水缓解，但是要从根本上解决还是要给房间加湿。加湿也是有一定限度的，假如在夏天房间的湿度太大了，我们的身体散热速度会减慢，容易胸闷头晕。而在冬天室内湿度太大，睡觉的时候我们会觉得被子潮湿厚重，而不是柔软舒适。

温度和湿度究竟控制在什么水平，对身体和肌肤的健康最好呢？我们认为冬天温度在18到25℃，湿度为30%到80%；夏天温度在23到28℃，湿度在30%到60%，人体会感觉最舒适。

女孩们面对不舒适的温度和湿度，面对肌肤瘙痒，喉咙疼痛不能一味归罪于气候。主动进行调节，保持合理的温度和湿度，才能让我们的肌肤始终保持弹性，透气，这样的肌肤才不容易衰老。

建议女孩们冬季在多喝水的同时，在睡觉的房间里放一台加湿器。如何使用加湿器保证自己在冬季拥有好的睡眠，健康的肌肤呢？

假如我们每天白天外出，只有晚上在房间里的时间比较长，那么就在睡觉的房间放置加湿器。加湿器的放置，要考虑到居住地的气候，如果居住地干燥多风，而且你的房间比较大，那么我们需要选择加湿量比较大的加湿器，加湿量为270ML／H才行。而房间在50平米左右，我们就要选用加湿量要达到540ML／H的加湿器了。

很多女孩使用了加湿器，感觉房间里温度和湿度都比较舒适了，但是通风情况不好，显得很闷。这种情况是我们最需要注意的，房间不通风，但是温度和湿度适宜，很多细菌就会衍生。我们可以先把门窗打开，当房间湿度达到一定的值时，再关闭门窗。这时房间里的空气新鲜，湿度适宜，女孩们就可以放心地进入睡眠了。

有的女孩夏天在空调房里使用加湿器的时候，喜欢靠得很近，或者放在床头的位置。要知道超声波加湿器不断地喷出冷雾，如果我们靠得太近，睡着以后很可能感冒。而电热型的加湿器则会释放蒸汽，靠太近容易烫伤。女孩们最好的选择莫过于购买一台具备自动恒温功能的加湿器了，当房间的湿度低于标准，机器会自动加湿，房间湿度达到标准时就自动关闭，不需要我们费心摆弄。

教主美贴

夏季我们都渴望待在空调的房间里，很多人会把空调温度定得很低，有的空调房间夏天的温度竟然在18度左右。而外界的气温一般在30度左右，室内温度和室外温度相差极大，人从凉快的空调房间走入外界，不能马上适应，就会感冒。在室内和外界温度差大于10℃的房间里，如果若短时间内出入几次，很容易出现腹泻。女人经期尤其不能在空调房间里久坐，经期需要保暖，而空调温度过低，容易发生痛经。这个时期，如果不方便将空调温度调高，女孩们一定要自己带一件外套。这样久坐也不至于被空调的冷气吹感冒，关节不会感到寒凉。

调息唤颜，保持青春要多采天地灵气

女人比男人易流露情绪，我们常常看到一个女孩遇到繁忙的任务，会低低地发出一声叹息，不需要语言，大家都知道她很无奈，压力很大。等事情全部做完，烦恼消失还会来一声轻轻叹息，代表女孩们心头的乌云也随之而去了。无奈的叹息，提起了身体的真气，潜意识正帮助她调动力量来完成任务；完成后那一声轻轻的叹息卸下了身体的负重，让人轻松许多，原来气息和人的潜意识的关系这么紧密。我们说爱生气的人爱生病，的确，很多女人疾病正是由于生气引起的。气滞会导致血瘀，血瘀又引起肾虚。女人一旦肾虚，什么腰痛，白发，乳腺增生就会随之而来。女人要养颜，一定要学会调息。当遭遇烦心事，气胜之时，心跳加速，呼吸短促，脸红。这个时候缓慢吸气调整呼吸，心跳的速度会逐渐恢复正常，人的情绪也平稳了很多。

调息采用深呼吸的办法，当慢慢吸气，气流进入身体，肺压力增大活力增强，气流对脏器也是一种很好的按摩。浅呼吸对人体是非常有害的，首当其冲的就是身体得不到足够的氧气，脏器无力。长年的浅呼吸会导致身体的大量废气留滞在身体里，形成酸性环境。很多女孩迷恋瑜伽，瑜伽就是配合呼吸来做的。但是在忙乱和烦恼的时候，很少有人能安静下来做瑜伽。单拿调息来说，我们运用熟练后，可以随时随地调息，让身心保持舒畅。

◎清晨黄昏调息

清晨调息最适合那些脸色暗淡，头发黄，肌肤不够光洁的女孩。因为清晨调息能增加肺活量，身体获得了更多的氧气。清晨起来，万物复苏，空气非常清新。选择一处安静的地方，先步行使身体各个器官苏醒。将四肢和身体尽量伸展，双手向上举，挺胸，收腹拉伸身体。你可以采用最简单的站式。

清晨调息在太阳刚露出地平线的时候做最佳。面对太阳升起的方向，双眼闭上。双脚分开与肩同宽，自然下蹲。手臂伸出与肩平齐，双手掌心相对。开始吸气，先缓慢吸气从鼻到喉下行入丹田，再下行至会阴后在背部反行向上到达腰部，在后心处分成两路，分别到达双耳廓。从双耳廓分别流经双臂到达双手掌心为一次吸气全过程。然后呼气，呼气要随意，但是尽量要把呼入的废气喷吐出来。刚开始学每次做15组就可以了。做完调息手掌心有点暖暖的带着点湿润的感觉，手掌显得柔软舒适。将手掌在面部摩挲，配合呼吸来做，坚持做能使皱纹晚生，消除细纹，调整脸部的气色。每天自己调息后，要自觉运用到日常呼吸中来。

黄昏调息要在太阳未落之前，如果太阳落山浊气上升时候做，肺的压力会增大。日落前调息，动作和方法与早晨相同。

◎繁忙尤其要调息

人在忙碌中常常容易忽略自己身体的感受，甚至很多女孩都会等到头晕目眩，呼吸短促，胸闷才想起来忙来忙去却忘记了放松。假设你根本抽不出时间来做清晨和黄昏的调息，只要你掌握了调息的要领，也能够在日常生活和工作里做到。

假设我们在做文件，开始的时候你可以先慢慢深呼吸，然后再把注意力转移到文件中去。自然成习惯，当你一边做文件，一边还能保持舒畅的呼吸，那么这一整天，你的肺活量有所增加，而且给身体补足了氧气，不容易感到劳累。

调息采用深呼补氧，其实起到了健脑健身的目的。补氧是调息追求的目的之一，我们所讲的这些调息方式都是腹式呼吸法，也最适合女孩们平时用。

教主美贴

清新的空气能使人头脑清醒，平时生活在城市的乌烟瘴气中，我们应该定时地走进自然，去感受一下。如果我们选择一些节假日，走进丛林和山间，在爬山的过程中，肺部增加了呼吸量。丛林间清新的空气，会让人的心神感到放松。在调息中我们追求的就是这种心神放松，愉悦的情绪。这种宁静而美好的感受，让人放下喧嚣的忧虑和哀愁，对心神来说是一种难得的补养。调息就是为了达到这样一种效果，不仅仅是身体的放松，还有心神的愉悦。每次调息中，最好能假想自己就在山水之间，身心自然就会轻松起来。

3
情绪控制及性格使然

轻松甩掉抑郁情绪的纠缠

抑郁情绪是很常见的情感成分，人人均可出现。当人们遇到精神压力、生活挫折、痛苦境遇、生老病死、天灾人祸等情况，出现抑郁情绪是一种很常见的现象。但是，抑郁症则不同，它是一种病理心理性的抑郁障碍。

抑郁症就像粘在鞋底的口香糖一样不容易甩掉，它几年之内就在全世界范围内拥有了数以万计的俘虏。平常人无法理解抑郁症病人的痛苦。引起抑郁症的原因很多，有的人可能几天就好了，有的人会长期发展下去，最后痛苦自杀。抑郁症对于女人的容颜来说，是一个莫大的伤杀。人伤心的时候一般看起来都是不美的，抑郁使人持续地生活在低落的情绪里，加剧了容颜的凋零。

世界上生存压力比较大的地方，像日本和一些欧美国家，抑郁症患者人数相对来说比较多。一个英国女孩，性格非常内向，非常害怕在公众场合说话。随着年龄的增长，由于父母离婚，她和自己的父母交流也减少了。女孩后来上了伦敦大学，成绩很优异。在20岁生日那天，她自杀了。女孩死后，她母亲翻看了她的日记，才发现，这个20岁的女孩子从15岁开始就生活在抑郁里。她在日记中写道：20年来我努力生活，想坚持把生命延续到20岁，不要让已经失去爱人的母亲再失去她了。终于在临近20岁的那几天里，她出奇地兴奋，还喝了一次酒。一个年轻美貌女孩的生命就这样凋零，她的父母后悔不已。

母亲很早就发现她不爱说话，受到委屈从来都不哭。以为她是性格坚强的女孩，却不知道她的内心有那么多痛苦。从她15岁开始，就每天生活在失眠里，夜里反反复复地强迫自己睡觉，甚至喝酒都不能让自己糊涂。她知道自己是因为父亲的离开，而对世界产生了不一样的看法。她很孤僻，没有朋友。她很小就发现小朋友们都很“刻薄”,她常常被他们的话伤得体无完肤。长大以后她再也没有相信过任何人，虽然期间她也努力做过，但是失败了，她对这个世界慢慢丧失了信心。

5年里一个人被围困在痛苦的城堡里，挣扎呐喊，她承受了多少平常人无法承受的折磨。

女人里抑郁患者远远多于男人，因为女人普遍比较感性，而且一旦受到坏情绪的影响，调整需要一定的时间。我们来看看哪些是抑郁症的表现:

◎心情抑郁

情绪很低落，时常苦恼忧伤，对什么事情都提不起兴趣。对周围的事物都很不满意，感觉生活没有乐趣，对生活希望悲观。稍有一点事情不顺心就非常难过，发脾气，掉眼泪，表情绝望而悲惨。

◎思维迟缓

思维迟缓导致行动迟缓，这种抑郁情绪大多发生在心灵受到伤害的时候，一时清除不掉负面影响。感觉自己懒得思考，不想主动说话。即使说也很漫不经心。似乎思考问题对她来说无比困难，但是如果她发现自己思考速度慢，情绪会更糟糕。觉得自己似乎有智障，很自卑，认为自己生存没有价值，或者觉得自己活着是个累赘。

◎行动退化

以前能健步如飞，现在走几步路都觉得心悸、胸闷。没有任何想外出或者与人交流的想法，非常渴望安静地一个人待着。经常便秘、食欲下降和体重减轻，夜里很难入睡。

很多女孩其实对抑郁症并不陌生，人总有情绪低落，高兴不起来的时候。只要不是放纵自己忧愁伤感，悲观绝望，很多人都能克服抑郁。抑郁症最危险的症状就是自杀，而抑郁症患者的思维逻辑基本正常，所以实施自杀的成功率也很高。据调查，抑郁症患者的自杀率比一般人群高20倍。社会自杀人群中可能有一半以上是抑郁症患者。有些不明原因的自杀者可能生前已患有严重的抑郁症，只不过没被及时发现罢了。由于自杀是在疾病发展到一定的严重程度时才发生的。所以及早发现疾病，及早治疗，对抑郁症的患者非常重要。

女孩们该如何帮助自己判断是否患有抑郁，并将自己救出苦海呢?

当我们发生轻度抑郁，早晨起来脸色苍白，睡眠质量变差，饮食开始减少，经常头晕头痛。千万别把这种症状当作是神经衰弱，一定要积极地进行调整。多出户外活动，和朋友聊天，放松心情，不要让这种症状持续到两周以上。因为如果这种情绪超过两周，人很快就变得悲观失望，再进行调理就比较困难一些。

那些隐匿性抑郁症并不容易发现，主要表现在总是感觉身体不舒服，老是头疼、头晕、心悸、胸闷、气短、四肢麻木和恶心、呕吐等症状。这时，其实抑郁情绪已经被身体表现的不舒服所掩盖了，很难发觉了。

孤僻的女孩比较容易得抑郁症，她们有事情总是藏在心里，不愿与别人分享，思想负担比较大。要预防抑郁症的发生，我们要提高自己的自信心，多听音乐，多和家里人沟通，有空就和朋友出去购物或者到郊外散心。抑郁症的治疗方法很多，主要是药物治疗，其他方法还有心理治疗、光疗和电痉挛治疗等等。战胜抑郁并不困难，只要战胜自己消极的情绪就会有好的转机。

无论是轻度还是严重的抑郁症，对女孩们的容颜都是极大的摧残。悲观厌世的人不但折磨自己的身心，而且对容颜也不会爱惜。

教主美贴

说出心中的快乐，让快乐飞散到人群中，可以让一个人的快乐，变成了10个人的快乐。说出心中的苦闷，苦闷传递给了朋友，10分的苦闷有人分担，变成了5分。我们都会因为这样那样的事情产生痛苦，苦闷的感觉。烦恼不是酒，沉淀越多的烦恼，人就越痛苦。人总要经过一番痛苦的斗争，获得一些成熟的机智。想要拥有好情绪，一定要善于转移注意力，善于用语言来表达自己的心境。情绪消极的时候，想办法疏导它。哭泣是女人发泄情绪的最好方法，流过泪水心情自然就轻松一些。而如果你选择了愤怒的发泄方式，可能容易伤害身体。对于那些你根本无法承受的痛苦，不如干脆转移注意力，将它忘记。当你能够接受的时候，再来反思。在这一点上，女人们不如学学男人，沉闷，压抑，抑郁对于男人来说都是可以承受的，因为他们会发泄，他们会忘记，他们还时刻准备重新创造。当你遇到挫折，不要让心灵和你一起哭泣。和心灵对话，教导它坚强起来，勇敢起来。自我话语的暗示，也能带来意想不到的效果。

购物狂——放纵坏心情的罪魁祸首

女人天生爱购物，有的女人认为这是一种非常优雅的行为，有的女人认为这是一种很时尚的行为。但是并没有多少女孩能够从内心里真实地面对自己，购物是在挥洒那些不快的情绪，也许你觉得可以通过购物改变心情没有什么不好。但是，心情不好去购物，买回来的东西基本都是不实用的。每次心情不好，都去购物发泄，心情事实上并没有得到调节。这样下去反而会产生新的焦躁情绪，变成“购物狂”。

有一位女孩年轻漂亮，但是想到自己的男朋友总是喜欢和其他女人交往，她的心里有说不出的难过。因为是她先追求男友，现在发现男友很花心，但是自己又放不开，不愿意放弃。每次看到男友和其他的女人说话，她的心情就会很糟糕。于是她干脆就去购物，买自己看着顺眼的东西，慢慢的心情好了起来。看到满眼都是自己喜爱的东西，怎么能不高兴呢？这些物质的东西，暂时填补了心灵的空缺。

可是好景不长，购物总是有极限的，购物刷的信用卡也需要还帐。没有多久银行催债的单子像雪片一样飘来，她在艰难应付感情的同时，还要遭受经济上的“折磨”。女孩从前面对经济问题，还能下定决心艰苦一段时间还信用卡的钱。可是感情的失败，经济上的不如意，让她很沮丧，她发现自己的恶劣情绪并没有真正得到释放，而是转化到另外的东西上去了。情绪还没有调整好，又要面对大额的债务，女孩整天唉声叹气，老是抱怨命运不公平。

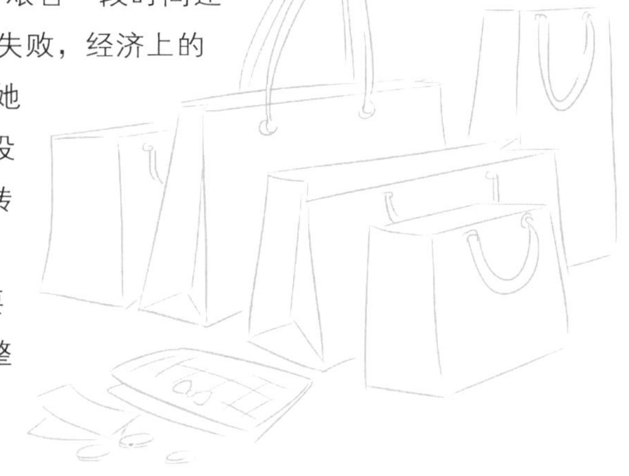

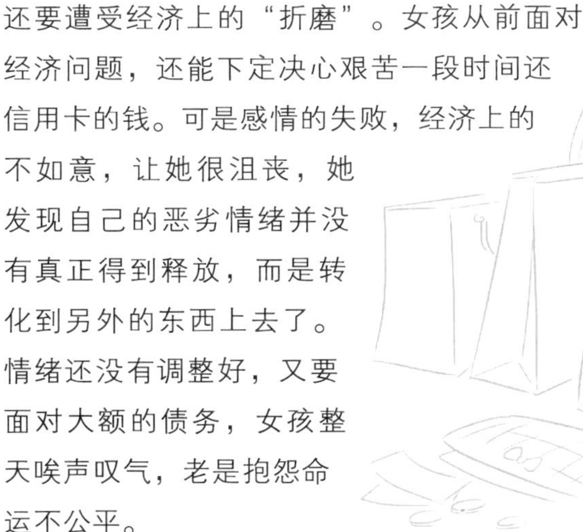

其实就算女孩在经济上非常宽裕，能够一掷千金，也不要采取这种购物的方式来宣泄情绪。这种挥霍宠坏了自己，又没有真正解决问题。如果你非要在情绪恶劣的时候去购物，那么打电话邀请你的好朋友一起去。如果有比较要好的男人朋友更好啦，他们会提醒你珍惜自己。与其这样挥霍发泄情绪，不如把自己的心声说出来，去解决它。孤单地购物，只能让你甩掉暂时的坏情绪，如果每次碰到坏事都这样解决，你调整情绪的能力会越来越差。

如果女孩有情绪不好时疯狂购物的习惯，不妨在冷静的时候仔细审视一下你购买回来的东西。这些宝贝是不是真的是你需要的，你究竟准备拿它们来做什么。想一想它们是否在你最难过的时候“帮助”过你，它们是否真的能够“帮助”你。

甩掉坏情绪，我们依然不能放纵自己，否则一种坏情绪消失了，却培养了一个坏习惯。

有一位很绅士的男人，非常有礼貌而且很懂女人心。他在超市选购地垫，正好看到一款他妻子非常喜爱的地垫。当他伸手去拿的时候，碰巧一位年轻女孩也正要去取那个地垫。两人同时愣了一下，年轻女孩便没好气地扔掉了，嘴里还大声说:“真扫兴”。绅士觉得女孩肯定是不高兴，要不怎么会至于为了一个地垫而发脾气。他急忙给女孩道歉，说还是女孩买那个地垫吧。结果女孩大怒:“我买不买和你有什么关系，让开！”偌大的商场大家的目光集中在了他们身上，绅士非常尴尬地说:“的确是我不对，那我请你喝咖啡算是赔罪吧。”女孩立刻眼睛红了，哭着跑了。商场里的人对女孩已经熟悉到不能再熟悉了，只要她心情不好，就会不分昼夜会出现在这里。而且如果买什么东西不满意，就会向服务员发火。结果今天真不巧，“坏事”被绅士碰到了。幸好他非常有礼貌，否则女孩肯定会揪着他不放，或者骂够了再走的。

单独去购物解闷的人，本来就不顺心，如果正好又在购物时碰到不高兴的事情，情绪很容易就爆发出来。购物并不能掩饰和淡化女孩内心的烦恼，仅仅是让你暂时忘记了。但是当你记起来，情绪还是一样的糟糕。如果这时身边有人开导，陪着你难过哭泣，很快就会好起来的。

女孩们千万别把发泄情绪的坏毛病集中到购物上，把自己变成一个易怒的购物狂。

教主美贴

当你感到愤懑，不愿意说话，胸中却有无数的声音在呐喊时，不要让它迸发出来，因为这样久了，发火来宣泄心情就会成为一种习惯。愤懑大多是因为不满，而不满总是有源头的。有些事情是别人的错，愤懑过火是用他人的错误在惩罚自己。有的愤懑源头就在自己身上，除非你找到它，否则无论你发泄过，与他人交流过，都不会消失。梳理一下情绪，到空旷的丛林中走走，在小溪边听听流水的声音。你会发现，生活原本是美丽的，是我们人为将它改造成了另一副样子。人的一生不可能只有一件不快乐的事情，所有失意和痛苦的过往都可以当作你人生的驿站。那些经历过的风雨，如今你都能坦然面对，今天的失意，明天你也能坦然面对。流逝的时间能帮助你解决很多问题，那么现在的你，就节省这些时间，把它给予快乐吧，这才是创造快乐的窍门。

恋爱的女人更美，浪漫的女人更年轻

法国巴黎这个浪漫之都，总是女人向往的地方，那里的香水有着不一样的美妙气息，有多少女孩为咖啡卡布奇诺的香味着迷。浪漫的女人总是能够把生活装点得美丽动人，因为她们的内心里对那份美有一种无法表达的钟爱。浪漫让人的心灵离开烦恼的纠葛，尽情去享受那种美妙。但是浪漫不是天天都有，所以制造浪漫成了我们必须学会的事情。浪漫而有情调的女人最美，因为她们懂得生活，懂得营造美的生活。

当你在比萨斜塔塔前凝望，你是否也希望有一位绅士，能像比萨斜塔一样为你倾倒？这种持久而与日俱增的倾斜，给人一种难以抗拒的美感。女人要懂得浪漫才会懂得风情，懂得风情的女人，对男人来说是最迷人的。

当我们恋爱的时候，爱情使我们身体所有的细胞都被浪漫融化了。你会发现一切都是那么的美丽，你对生活充满着信心，随处都能感受到这种乐趣。恋爱中的女人最美，浪漫的女人最年轻，的确是这样。女人要养颜，一定要心中充满浪漫充满爱。当你的心中充满爱，情绪高涨，身体分泌激素的能力增强，人会显得更年轻漂亮。爱情是活力的来源，爱让你感到世界非常温暖，你的内心拥有着这种温暖，无论做什么看什么都是美的。内在的这种感染力，使你对任何事情都充满信心。

一对年轻的韩国夫妻，婚前如胶似漆，婚后依然甜蜜极了。他们的邻居是一位中年妇女，她的丈夫喜欢喝酒，很少关心妻子。这位妻子年轻的时候也非常美丽，可是一直得不到关爱，她的眼睛里都是哀伤的神情。年轻的妻子有一次和邻居谈话，邻居用伤心的语调念着那首《当你老了》

当你老了

W.B.叶芝

当你老了，头白了，睡意昏沉，
炉火旁打盹，请取下这部诗歌，
慢慢读，回想你过去眼神的柔和，
回想它们昔日浓重的阴影；

多少人爱你青春欢畅的时辰，
爱慕你的美丽，假意或真心，
只有一个人爱你那朝圣者的灵魂，
爱你衰老了的脸上痛苦的皱纹；

垂下头来，在红光闪耀的炉子旁，
凄然地轻轻诉说那爱情的消逝，
在头顶的山上它缓缓踱着步子，

在一群星星中间隐藏着脸庞。

她发现邻居还是深爱着从来不关心自己的丈夫，她非常想帮助邻居再次得到爱情。于是在情人节那天，她借邻居丈夫的名义给这位邻居送去了一大束鲜花。奇迹出现了，将近十年都没有怎么收拾打扮的邻居，当天晚上精心打扮了一番，还做了可口的饭菜，像少女一样在点着浪漫烛光的桌前等丈夫回来吃饭。而丈夫收到了他们热恋时妻子最喜欢为他叠的纸船，这让他怀念自己还是小伙子的时光，怀念他们热恋的美好。丈夫温存地拥抱了妻子，妻子也非常羞涩地亲吻了一下丈夫。爱情之火似乎瞬间燃烧过他们的心灵，没有人相信这个瞬间，丈夫再也不是对妻子漠不关心爱喝酒的丈夫了，妻子变得楚楚动人像一个20出头的大姑娘。他们的家庭又恢复了从前的美满和谐，爱情的力量能照亮一个人的世界。

爱情能够让我们拥有温暖的容颜，但是爱情之花并不是常开不败的。爱情像一棵幼小的树苗，即使它成长为一棵枝繁叶茂的大树，我们依然要辛勤地为它浇水。因为这水，也浇灌着女孩们容颜之花，为了它能常开不败，我们要保存心中的温情。

当爱情离开了浪漫，就会变得沉重。不浪漫的爱情，从来都是有缺憾的。浪漫不是从来就有的，我们可以学会制造浪漫。一杯红酒，第一片春天的绿叶，一个别致的礼物，都能让爱情变得浪漫。有的女孩认为，自己浪漫了，但是男人并不浪漫。事实上，男人更欣赏浪漫，男人的内心里从年轻到衰老，都渴望浪漫地生活。但是走进婚姻的男人慢慢忘记了如何制造浪漫，聪明的女人你可以想办法和他一起浪漫起来哦。

一个人的浪漫不是浪漫，没有人和你一起浪漫，那是表演。无论你是单身还是拥有心爱的人，一定要有人欣赏这种浪漫。不浪漫的人品味不到爱的醇厚，没有爱的人不明白浪漫的真谛。你的浪漫让他更陶醉于你的美，他的爱让你更浪漫美丽。不要一个人跳舞，这个舞台从来就是属于你和他！

教主美贴

假如生活只有一日三餐，上下班和睡觉，那么人的性格都会逐渐变得呆板。生活的确以这些为主，我们如何才能在这个单调的调色板上调出美丽的颜色呢？那就从提升嗅觉，味觉，视觉，听觉和触觉的美感做起吧。

提升你的味觉，也许你总是吃草莓味道的巧克力，总是喝咖啡放糖。你可尝试一下吃点榛子巧克力，来一杯苦咖啡，味觉的改变能让你发现更多的美食。尝试一下那些能制造情调和浪漫气息的餐点，在浪漫的节日里准备一些和恋人一起分享。

提升你的嗅觉，也许你和恋人都喜欢清香味，或者你从来不用香水。试一试洗完澡给自己喷上香水，也许你们会有更好的感觉。

提升你的视觉，或许你对精致的沙发和造型古典的摇椅情有独钟，有些美女居然喜欢宽大古朴的造型，可以用人家那种眼光体味这种美感，不要用自己的标准来约束视觉。

提升你的听觉，这并不是一件容易的事情，尤其对女人来说。学会听别人说话，从中找到你们能达成一致的方法最重要。和恋人一起去欣赏音乐会吧，不同的音乐带给人不同的享受。

提升你的触觉，这要从你的被子和家具用品开始改变。柔软质地好的物品，总能给人舒适的感觉。

自信是美女的内因

自信是最美丽的妆容。当妆容与自信融为一体时，你能感受到真正的美丽。那是独特的，自在的，属于你的美丽。它不会随着岁月的递减而消失，只会沉积越久越显得醇美。

一个不自信的人，无法想象能为自己设计出多么美丽的造型，就像一只蜜蜂，在建造房子前，其实图纸已经在它的头脑里了。我们想要创造美，想要缔造出更多美感，要敢于突破心灵的囹圄，让美感成熟起来。

美丽不是明星们独有的魅力，只要你敢于展示给我们看，每个女人都有自己最美丽，最富有魅力的一面。世界唯一的声音就是：接受。当你忸怩在自己的世界里，周围的声音除了挑剔还有什么？做完美的自己，现在开始勾画美丽蓝图！

男人渴望身躯强壮，女人渴望拥有倾城容颜。其实这些渴望在你未出生之前就存在着，而且永远存在下去。因为也许你的妈妈怀孕时就爱面对着鲜花，对肚子里的宝宝说：你一定会长得比它还漂亮。

我们对容颜俏丽的渴望是如此强烈，却不能左右自己的外貌。我们不能通过改变基因来改变自己的长相，上帝是否给予了那些出生时原本就漂亮的孩子太多的眷顾呢？外貌不美丽的人并非只能靠整容来改变自己的外表。

人的五官和身体，都有各自的不同，世界上不存在两片相同的树叶，世界上的人也是各不相同。那些漂亮的孩子们，会受到邻居的喜爱，在学校会讨到老师的欢心，而走上社会也会意味着获得的机会更多。这样说，那些长相平平的人是不是就没有了出路？不，上帝创造人，人创造美。美是我们创造出来的。我们在妈妈的肚子里的时候，母亲就在为我们创造美。她会每天看看花，经常读那些美妙的诗歌给你听，她就是为了你出生的时候，能是个健康漂亮的宝宝。如果你觉得自己相貌平平，请你接过母亲手中的旗帜，继续造美！

◎女人就该创造美

如果你为自己的相貌平平沮丧，那就拿起你最强有力的武器——塑造美吧。

韩国一位出生在普通家庭的女孩，她从小长相端正，但是并不漂亮。她的弟弟在5岁那年接受了整容，摇身一变成为了一个摇滚歌星。可是她的脸并不需要整容，因为她不知道自己应该变成什么样。

克服你造美的头号敌人——不知道自己该变成什么样！

她最后还是决定去整容，结果还是一样，并没有彻底改变她，她还是那样：肌肤有点黑，头发有点黄，五官端正但是不秀气，她似乎根本没有从整容手术中获得什么。像她这样的女孩很多，并不是每个人都能通过整容获得非常好的效果的。

在这种既不烦闷也不开心的情况下，直到有一天她看到了女主持人金娜英的一组照片，她吃惊了！这位影星眼睛弯弯的并不太大，笑容很甜。虽然没有非凡的美貌，她的身体也并非无可挑剔，却非常性感。她的可爱个性完全适合她那张满带笑容的脸，把她衬托得那么迷人！

终于，这位女孩发现自己不是整容没有做好，而是她缺少一种美来衬托出她的与众不同。她仔细地查看了自己的衣装，包包，还有手机的款式，她发现自己对美没有独特的判断力，因为在购买包包的时候，她并不知道究竟哪种图案的包包是最适合自己的。所以每次她买衣服，买首饰都是听从妈妈或者朋友们的意见，甚至发型也要看她们的喜好决定。她突然发现自己的包包上的卡通图案和端庄的衣裙的是多么不协调。MY GOD!不敢相信，第一次她发现自己有那么多意见!

那个最适合你展现个性的美丽模子，就是你的未来!

每个女孩心中的美丽形象是不一样的，就像一千个人心中有一千个哈姆雷特一样。哪个最适合自己?女孩发现自己有很多地方和金娜英不一样，她喜欢金娜英那样骨感修长的腿，自己却没有。她觉得自己不喜欢主持人的工作，但是自己喜欢交际，爱开玩笑，完全可以树立一个智慧魅力的形象。

开始吧，做心中的自己!

女孩发现，没有修长的美腿不要紧，自己可以多做锻炼让身材好起来。她喜欢锻炼的时候那种快乐的感觉，在运动中，原本比较肥扁的身材慢慢地变得结实健美了。这是一个很好的改变，女孩很有成就感。于是她脱掉了那些束缚个性的淑女装，穿上休闲版的韩服。再把自己细密的直发烫成卷发，披在肩上。哇!世界变得清新亮丽了。可是，坚持了二十多年的单调风格，突然改变成这个样子，大家会不会不习惯呢?

不会!要经得起考验。而且，别人的看法往往不能代表你，没有人比你自己更了解自己。当第一个人说女孩的头发好漂亮，第一个人说女孩变得活泼可爱啦，女孩的信心倍增。

最美不过你达到自己的设想!

先别高兴得太早啦，你的造美技术还不够纯熟呢!你找到了心目中最适合展现美丽的造型，可是要知道潮流在不断地变化，你的模仿力是有限的。当你穿着所有人都穿的牛仔裤，蹦迪的时候把头甩得呼呼生风，可是当你看到另一个女孩也和你一模一样，你的造美本领就陷落在人海里了。什么时候你能做到穿出自己的个性，塑造自己的理想造型，在晚宴上与众不同又楚楚动人，你随时会发现可以吸收的美，发现必须抛弃的美，逐渐养成一套自己的习惯，那个时候，你才达到了自己最理想的设计——造美成功了!

教主美贴

造美是个手段，一个很好的美丽工具，每天你收支的美要达到平衡，失去平衡就会过度自卑或者自负。做完美的自己，就从造美开始改变一生！

第3章

后天毁灭童颜美肌的因素

1 情绪

怎么笑才养颜

男人的笑容容易给人友善的感觉，而女人的笑容，却容易吸引人。在繁忙的生活中，人们已经逐渐忘记了微笑。有一位记者清晨去执行公务，到达地点后公务被取消，他只好返回去。一路百无聊赖，于是举起相机拍下了150张行人的照片。相片出来后令人难过的是，相片上无论男女老少，都是一副漠然的表情。于是他开辟了一个栏目《一天的快乐》，采访了很多人，终于得出一个结果：人们不会主动快乐起来。

记得一次参加一个美容专家的研讨会，一位年龄在35岁左右的女人发言。从台下看她的时候，整个脸很平和，但是好像缺点什么。整个研讨会开得十分成功，她都没有露出过一点点笑容。当她的研究成果被刊登出来，大幅的头像登在封面上，我才找到了答案：她的嘴角是微微朝下的，尽管努力保持平和的表情，还是让人觉得有一些缺憾。

女孩们不妨现在就拿起镜子看看自己的脸，你的眼角，眉毛和嘴角是不是已经有向下弯曲的趋势了？那并不是因为你不经常微笑造成的器官下垂，而是因为你内心的不快乐，总是浮现在脸上，慢慢地五官就会开始下垂。经常微笑的女人，眉毛，眼角和嘴角是水平或者微微上扬的。

我们不妨测试一下，你在生活中的笑意识的程度：

1. 你会和电视里开心的人物一起大笑吗？

2. 你看到自己喜爱的事物是什么心态。

3. 你见到自己的亲人或者朋友，露出的表情是什么?

仔细思考这三个问题，如果三个你都回答：平静。那么你属于不会开心的人。

长期积累的不快，会毁掉人的美丽容颜。没有微笑的脸是生硬的，没有微笑的人生是无味的。笑本来也是一种很好的养颜方式。

我们来看看美女该如何用笑容养颜。

◎以笑养颜

在韩国人们都喜欢笑眼女星郑丽媛，她的微笑迷人而甜美。很多人记住她的名字不是因为她的长相，而就是因为迷恋这份笑容。每次看她演的影片，我们都能从她甜美的笑容中获得一种快乐，笑容是最容易感染人的。郑丽媛的成功不是因为她长得美，是因为她笑得美。微笑让她显得无比迷人，亮亮的眼睛，动感的唇，像香水引爆了我们的嗅觉，笑是很容易感染人的。

我们每个人都可以这样美，那要看你会不会笑。开心的时候我们大笑，与朋友见面的时候我们微笑。很多女孩笑起来让人觉得可爱，看起来很舒服。也有的女孩觉得自己的牙齿不够完美，从来不笑。有的女孩听别人评价自己，笑起不漂亮，干脆就放弃了笑容。30岁你不爱笑，30岁以后你不会主动笑，那么40岁以后你就发现自己已经“不会”笑了。

◎假装笑也能养颜

笑能养颜，并不一定要碰到开心的事情，见到自己朋友才笑。我们每天早晨出门前，可以对着镜子笑一笑。这一笑，你会看到镜子里的自己很开心的样子，你能观察到笑容使脸显得比较光洁生动，自己心里很舒服，情绪为之一振。笑是有一定目的的，看看自己的嘴角两边是不是平齐的，女孩们可以利用这种方法矫正嘴巴的形状。笑的时候，眼睛亮晶晶的，你眨一眨，活泼之色就跃然脸上了。会笑的女孩总比不爱笑的女孩，更容易让人产生青睐感。经常看自己的笑容，久而久之，你也能拥有美丽的笑颜。

◎化妆能帮助你获得笑意

笑是从唇开启的，但是笑意却是从眼睛里传达出来的。我们可以借助化妆来帮助我们达到好的效果：

眼线造型是最容易给人笑意的办法，假如女孩的眼睛很大，但是瞳孔比较小，眼白显得比较多，看起来比较严肃。如何改变这种情况呢？我们可以在下眼睑画比较淡的眼线。可以选用：淡灰色，银白色。假如有人觉得你的眼睛看起来比较冰冷，那么你将眼线化高一点，眼角稍微化长一些，选用咖啡色眼线，显得明亮而有亲和力。

教主美贴

笑是生理和心理和谐的交融，健康乐观的人会经常微笑，那是对生活的感悟。当人碰到开心的事，就会自然地笑起来，笑也是内心世界自然的流露。女孩们都希望生活在和谐，轻松，舒适的环境里，这样的环境，人开心笑的频率比较高。我们身边那些乐观的长者，那些充满乐趣的老人，他们都明白快乐是长寿药。女人最难控制的是情绪，为了我们的健康，我们要学会疏导情绪。

每天笑几次，对乳房有一定的保健作用。笑，虽然可祛病健身，但是讲求适度。肆无忌惮的大笑，会使人突然昏厥。得意时毫无控制的大笑，可能诱发一些疾病。

每天养成微笑的习惯，不但能够让人感到亲和，还能保健。你可以在家里拿着镜子，对着镜中的自己笑，你会发现自己的笑容从嘴唇一直到眼睛，最后滑落到心里。微笑对他人有感染力，自己笑，心灵也会被感染的。

愁闷——把心灵翻出来晒晒太阳

烦闷让女人花容失色，让女人憔悴不堪。都说女人的心思是世界上最难猜的事情，有的时候，女人的心思连自己也猜不到。心烦的时候，哪怕一片落叶也能引起女人的哀思。这些莫名的情绪很多女人都有。我们看到有的人身居高位却不快乐，快乐似乎是一门高深的艺术；有的人拥有许多财富依然不快乐，金钱的多少与快乐无关。我们知道，女孩们都是追求完美的完美主义者。在韩国很多女孩都迷恋白雪公主和白马王子的恋情，渴望拥有完美的爱情，完美的婚姻。这些渴望每天都在被强化，无论是风韵犹存的少妇，还是情窦初开的少女，没有满足的心愿，就意味着生活充满了不良的情绪。

世界上所有的国家里，女人抑郁者是男人的3倍，女人因为情绪不良调节不好导致抑郁的人是男人的5倍，女人因为抑郁自杀的人数是男人的2倍。这是一个多么惊人的数字啊！因为女人不快乐可能会生病，女人不快乐可能会走极端。

◎情绪——一个人的战争

有位漂亮女孩在热恋中非常烦恼，她的容颜俏丽，身材不错，但是男朋友却总是认为她很平常。他从来没有夸过她，甚至有时候还会流露出她不漂亮的想法。女孩的自尊心很强，并且一直是公认的美女，男友的不屑让她心里很不舒服。于是她想到了一个办法：报复男友。很快，她找了一个新男朋友，新男友身材高大帅气，他们经常一起出双入对，大家都很羡慕。前男友万万没有想到，自己的女友会离开自己，而且找了一个很帅气的男友。前男友非常失落。

这位女孩很开心，报复完前男友后，她心里有一种报复的快感。似乎出了一场恶气，她觉得自己终于找回了尊严。可是其实只有她自己知道，因为她非常爱他，所以她希望男友在乎她，希望男友改变对她的看法。

当她找到前男友，想和他和好，却不料被他拒绝了。她万分沮丧，很久都调整不过来。这位女孩就是因为她太在乎别人的看法，太在乎自己外表的美丑，在遭遇到“不公平”待遇的时候，想通过一些强硬的手段来改变别人的看法。结果，重伤了自己。

每个女人都有一个心结，总希望任何事情都像自己想的一样发展，但是生活里大多事情都是有一定规则的，做事情倾注太多的希望，失望就会很大。而承受这种失望需要良好的心理。女人都容易患得患失，为失败的事情后悔或者痛苦，陷入到一个人的战争里去。

◎暗示——心灵的诺曼底登陆

没有多少女人真的能打败自己的假想对手，所以女孩们失望的事情似乎总比男人多。其实，女人的对手是自己的心灵。女孩们要习惯接受真实的预期，在最糟糕的事情没有到来前，让自己学会平静接受；如果碰到巨大的打击，你可以选择适合自己发泄的方式。

当你的失落痛苦情绪超过两周，生理上调控情绪的开关就松了。这个时候仅仅靠休息，恐怕已经得不到好的效果了。如果女孩深陷其中，一定要想办法调整它。

◎说给自己听

当你情绪低落超过两周，已经有不爱交谈和懒得梳妆的倾向了。这个时候你逐渐关闭了心门。此刻的内心世界里，也许在打雷下雨，但是极力不表现出来。这种行为逐渐会把现实世界和心灵世界分开，你发现人们越来越不能理解你，烦恼很多，挫折很多，而只有待在自己的心灵世界里，你才是安全舒适的。交流的减少使你对周围生活的看法发生巨大的改变。曾经美丽的东西，在你眼里现在根本不值一提。这个时候，除了心理医生能帮助你，你是自己的救星。

说给自己听。当你认为烦恼没有人懂，就说给自己听。每次当你说出烦恼，你可以在诉说中泄愤，你会注意到自己的声音和从前有什么不同。但是一定要在心理暗示自己，度过暂时的困难和不如意，一切很快会好起来的。

心理暗示的效果往往比别人开导你更好，在坏情绪和抑郁症的分界线上，每个人身体的自愈能力会呼唤本能来抵抗你走进痛苦封闭的世界。所以，要这个时候拉自己一把。

◎给心情放个假

当你有一点点想法，想出去走走，或者改变一下心境。这是身体传递给你的良好信号，一定要抓住它。最好能打电话约几个朋友一起出来吃饭，或者一起去看看电影，参加娱乐活动。如果你喜欢打球或者游泳这些活动，尽快参与进去。当你找到一点曾经拥有的快乐，会发现现在的状态真的不好。

有的女孩不开心或者愤怒的时候，自己没有发现，而是感觉口干舌燥，做什么都丢三落四的。当自己都发现不了有不良情绪存在，而是通过挑剔，与人争吵发泄的时候，冷静下来要仔细想想，一点点琐事是否真的值得计较？女孩们可以思考一下，愤怒对自己究竟有什么意义？只要开始发生争执或者出现愤怒感，一件事情就很难朝着乐观的方向发展了。任何发生在我们身上的那些不快乐的微不足道的事情，对我们来说基本不存在利益纠葛，没有多少意义。

那些经常因为小事发生争执，产生糟糕后果的女孩，大多都是情绪容易冲动的人。其实每次发生不愉快，我们即使占了上风也同样没有得到好处。而且你和所谓的输家一样：浪费了时间，说了很多废话，心里不舒服，解决完后没有意义，感到沮丧。

◎燃烧健康的“怒火”

假如发生不快，使你内心完全得不到平衡感。那么发泄一下吧，发泄能让已经燃烧起来的怒火不至于烧伤自己。哪些是比较健康的发泄方式呢？女孩们一定要选择一种适合自己的，就像时装有适合你的样式，在任何地方你挑选的标准基本不会改变。选择适合你的健康发泄方式，在任何地方任何时间，帮助你卸下心头的重负。假如你碰到不开心的事情，渴望和朋友倾诉，每次倾诉完你似乎被释放了。那么这就是你最好的发泄方式，别担心你的朋友会觉得你是“火药桶”。主动去梳理情绪，比被动随便情绪发展对我们的身心更有利。

教主美贴

放松身心的办法很多，我们一定要想办法让自己快乐：

1. 如果你已经犯了错误，那么别为错误过度内疚，那样会很伤害自己。我们可以选择正视现实，不要回避问题。
2. 碰到委屈的事情要向好朋友诉说，倾诉会让女人感到轻松。平时不要过多在意琐屑的小事情，学会放宽心。
3. 在家里养一些喜欢的花，经常给花浇水，感受生活的乐趣。
4. 每晚都应洗个温水澡，睡前欣赏最爱听的音乐，做个好梦。

重塑幸福感

很多女人都认为，这个世界最完美的东西，只有一次，失去了，就失去了一切。正是这种观念，让她们整天生活在痛苦和悲哀里。承受打击的能力越差，其实意味着幸福感越少。害怕失去的东西，人终究会失去，沉沦在悲痛里，青春逝去，你才发现人生最珍贵的东西失去了。而你正是眼睁睁地看着它，放任它流逝的罪魁祸首。

一位加拿大少妇，丈夫在一次公务中坠机身亡了。对于新婚燕尔的人来说，这是个莫大的打击。新娘脸上没有了笑容，她久久凝视着照片上丈夫英俊的面容，却百思不得其解。一个如此坚强，快乐的生命，瞬间就消失不见了。世界好比一个黑洞，似乎能吞没她的所有一切。她感觉这个世界完全没有安全感，在一个风雨交加的夜晚，她抱着一点衣物回到了父母家里。在家里，她脆弱的内心逐渐得到了安抚。她很害怕失去这份温暖，于是每天提心吊胆。有一次她的母亲外出，回来的时候天黑了。发现家门口有一辆车停在那里，正是女儿的车。母亲径直走过去，离窗很近的地方，发现女儿坐在车里，眼睛一直紧张地看着前方。于是母亲敲了敲车窗，女儿吓了很大一跳。

“哦，亲爱的，我从你对面过来你居然没有发现我，你在想什么呢？”母亲问。

女儿回过神来，不好意思地说：“我在家里等您等得太着急了，就下来想开车去找您，又不知道您在哪里，只好坐在这里等。我一着急连您的容貌都忘记了。”

“哦，MY GOD，我的孩子，你还是没有走出悲痛，你太害怕失去了，这样根本帮助不了别人，因为你首先帮助不了自己。”母亲难过地说。

母亲拉着女儿坐在长椅上，对她讲述了自己的过往。

母亲年轻的时候非常美丽，家里人都以她为荣。父母只有她这么一个女儿，在母亲22岁那年，母亲恋上了一个新西兰人。这个男人已经有了

家室，纵然如此，母亲还是跟着他走了。三年的同居生活，他们一直都处在热恋中。母亲怀孕了，生下了她。正在他们享受天伦之乐的日子里，有一次男人出去后好几天都没有回来，也没有给她打过电话。几天后一位全身披着黑纱的女人来看她们，披着黑纱的女人是男人的妻子。男人的妻子告诉母亲，一场飞来横祸降临在他身上，他离开这个世界了。

母亲当时就晕了过去，醒来的时候发现穿黑纱的女人正哄着她的孩子。见母亲醒来，就把孩子给她，然后对母亲说："你们的事情我一直都不知道，居然还有了孩子，你们背着我做了多少好事！"

母亲泣不成声，女人对母亲说："人已经死了，我也不追究了。他临走的时候给你们留下了20万美金，你们以后好好生活吧。"

母亲万万没有想到，男人还留下了钱财给她们。因为男人一去世，这些房宅都变成了遗产，属于他的妻子了。

母亲接到律师的电话，过去签字取走现金。令人吃惊的是，在那份遗嘱上，男人根本没有提到她。她发现最下面有一行小字，只写了在遗产总额中划分出20万美金和她现在住的房子，落款是男人去世后的一个月。显然这项支出不是男人所为。

母亲说到这里，泪水滴落下来。母亲卖掉了房子带着女儿回到了加拿大："从那以后，我再也没有见过那个披黑纱的女人。但是她在我的心目中，永远是美丽高贵的。她在丧夫之痛中，还能关怀到我，这种人性早已经超越了仇恨。"

母亲停顿了一会，又说："我们的际遇竟然如此相似，我一直以为母亲能走过来的路，你也能走过来。可是你这样让我担心。”

青春年华最珍贵，容颜逝去不再回头。在悲伤的路上，少走一点，重塑幸福感，找一条通向快乐的道路。

教主美贴

幸福就在我们身边，生活并不缺乏幸福的人，他们可能不是拥有万贯家财的富翁，不是企业里的成功人士。幸福是一种普遍性的东西，和财富的拥有并不成正比。很多人感到自己生活得很痛苦，但是事实上她们拥有亮丽的青春，健康的身体。改变这种不快乐心理的最好办法是：去帮助那些受难者。

在帮助别人的过程中，自己感到不幸福的人会对幸福产生新的认识。从别人的处境中发现自己所在的位置是多么快乐。而自己却并不快乐，对比之下会感到惭愧。克服不快乐的心理并不容易，我们必须要全心全意地去帮助受到苦难的人，才能真的感到快乐。要幸福其实并不难，放弃你奢求的，就会真的快乐起来。

距离，是女人的“绿叶”

女人是最不适合孤单生活的动物，一位年轻貌美的女人，发现自己的丈夫有了情人。她的内心很痛苦，因为即使如此，她依然深爱着自己的丈夫。可是丈夫却提出离婚，她伤心欲绝，要求在分手前大家分开一年，给她一点时间。

每次当她回忆起曾经的快乐时光都痛不欲生，于是，她只好选择暂时离开。她几乎去了她梦想中所有美丽的地方，每到一个地方，都会给自己的丈夫寄去美丽的卡片。她在卡片上一点点回忆着他们的恋爱时光，每一个卡片都那么写满柔情。旅行花了接近大半年的时间，在所有游客眼里，她都是一个不快乐的人。因为幸福的女人，怎么会孤身一人

远足呢？的确，曾经胆小不敢走夜路的她，曾经害怕孤单的她，曾经最多只敢梦想去埃及金字塔拍摄美丽照片的她，每天都在改变。那些美丽而陌生的风景，那些美丽而陌生的人，对心理都有一些疗伤的作用。但是只有她自己明白，她的内心里，始终有一个心结没有解开。她始终不明白，为什么丈夫会说不再爱自己了。的确，六年的婚姻生活非常平淡。每天重复着柴米油盐循规蹈矩的生活。甚至连多久丈夫都没有对她说爱这个字，她都不记得了，她感觉自己早已迷失在了婚姻深处。很多次丈夫想带她出去参加宴会，节假日出门旅行，可是她发现自己害怕和丈夫单独相处。虽然她是那么爱他，但是他似乎完全不知道。所以当他说出要离婚的时候，完全没有发现她的感受。她想起婚前，她是一只美丽的彩蝶，而他，是湖岸边的一棵大树。他们总能从彼此的眼中，感受到那种纯美和自然。而婚后，她的眼睛里缺少了柔情，他的目光很少在她身上停留。有了一个共同的家，却似乎比从前陌生了。如果婚姻真的是感情的坟墓，他们完全可以回到从前。这个想法一出现，吓了自己一跳。其实她明白，只要她放手，那棵大树将永远不再属于她。

走完最后一站，她已经彻底想通了。当她一点点从忧伤的阴影中走了出来的时候，她丈夫正在家里读着她寄来的卡片。从卡片上他看到了曾经的她，看到了她的忧伤，她的痛苦，她的深情。他突然明白了：爱，需要给彼此共同经营，当他不再注意妻子，她在自己心目中的形象就模糊了，他实在是对她的关注太少了。家中的事情她都做完了，回家后没有需要他们一起完成的事，没有共同的话题。她总是穿着漂亮的衣服迎接他回家，可是他疲惫了从来不曾给她一个温暖的拥抱。卡片中的缱绻深情，那些美丽故事重新回到脑海里，她还是那么温柔迷人。他发现这些年都没有这么注意过她了，婚姻似乎是他为她编织的一个鸟笼，她不快乐，可是从来没有告诉他。他的冷漠促使了她的淡漠，激情从他们身上就这么消失了。

邮寄完最后一张卡片的时候，他们美丽的恋情已经回忆完了。她发现她的心情越来越好，只是很孤单。她开始能够接受分离，她愿意让自己爱的男人去选择他想要的幸福，她突然感到他能快乐，自己的内心也有一点快乐感。

当她下车的瞬间，就看到了那个熟悉的身影。在旅行途中，她无数次地思念他，每个夜里，泪水打湿他的影子。可是当看到他的瞬间，她还是呆住了。丈夫手中捧着鲜花，像一个新郎迎接他的新娘。

“这是最后一次了，像每一对情侣分手时那样，彼此怀念但是不再爱恋。”她想。

她勇敢地走上前去，拥抱着自己即将分手的丈夫，亲吻了他的面颊。当丈夫有力的大手紧紧拥抱她的时候，她深情的泪水流出来：“亲爱的，你是自由的。我愿意让你离开，只要你能更快乐幸福，我永远都会祝福你的。”

丈夫轻轻捧起她的小脸，旅途的奔波劳累，让她纤细的腰肢盈然一握。他的心里掩饰不住的心疼：“哦，亲爱的，这里让你想到痛苦的事情了，那就带着我一起逃离这里吧！”

他深情地吻着妻子，然后把她抱上了车。他们回到了自己的家，新的生活又开始了。祝福他们吧。

距离能让夫妻有更多的空间回忆过去美好的时光，在彼此分开的时候回想过去的美好，距离带给女人的是更多的反省，更多的机会，更多的美感。

教主美贴

性别的特点决定了女人心思更细腻，女人在心灵上更需要关怀，需要依靠。当生活逐渐落进俗套里，我们都需要一点时间和空间，重新来认识我们身边的人，身边的事物。创造距离，是一件很难雕琢的工作。你必须选对时间和地点，安排好恰当的情节，剧情才会按照你渴望的方向发展。很多女人不敢去尝试，任由自己的感觉一路下滑，却不知道如何挽救。但是女人天生爱浪漫，对小说和电影的剧情都能记忆犹新。你不妨从中找一个范本，体验一下距离冲浪的快乐。靠得太近，人与人之间的美感逐渐模糊了。一把流沙握得越紧，流失得越多。我们可以设想回到过去，回到初识的日子，重温一下美丽时光。

2

错误的习惯

一夜变身丑女——通宵熬夜面瘫

你有过这样的经历吗？外出旅行跋山涉水，玩到不亦乐乎，回来的路上却累到睡过了站还不知道。或者熬夜看电影玩游戏精神百倍，但是到了早晨，会不知不觉睡去。所谓的另类生活，大家都体验过。这样的放纵不会时时有，因为经常“另类一下”会让人疲惫不堪的。可是又有多少人愿意主动放弃这种另类生活呢？

有一位未婚女孩，工作节假日非常爱玩，经常和朋友们去酒吧玩通宵。一个冬季因为晚上唱歌欣赏舞蹈实在累了，朋友们干脆就在酒吧扶桌大睡。天亮的时候，女孩被叫醒了，好几个朋友嚷着说头疼，脚抽筋走不动了。赶紧打车回了家，回去不要紧，刷牙的时候发现自己的腮鼓不起来，牙刷怎么也放不进去。女孩顿时傻眼了。直接到医院，医生看完后告诉她：面瘫。

女孩以为是受凉了不要紧，很快就好了，拿了点药就回去了，结果很多天都没有恢复，只好又去医院，治疗了2周以后才逐渐好转了。她怎么也没有想到，玩通宵并没有导致长可怕的白发，也从来没晕倒，竟然面瘫了。出院后她再也不敢夜夜笙歌了。没有出现健康问题，就主动放弃另类举动的女孩不多。如果面瘫得不到及时治疗，可能会造成面瘫后遗症，以后面部肌肉不再听从自己的随意调遣了。

面瘫是美丽容貌的大敌，如果真的留下面瘫后遗症，无论你的五官多么端正精致，不能随意活动的肌肉会使你显得面容呆板。面瘫究竟是什么引起的呢？以上述例子中的女孩来分析，她经常熬夜，正好发生面瘫的那天是在冬季，玩通宵以后身体能量消耗非常大，累了就在酒吧夜宿，晚上睡觉比较凉。导致面部的神经受到损伤，因而出现张嘴鼓腮困难。有些面瘫的人还会出现为面部痉挛、歪嘴、眨眼等情况。还好她是轻度患者，配合治疗2周后就好转了。严重的面瘫会导致部分味觉消失，眼球震颤，面瘫一侧会自动淌口水。发生面瘫会严重影响人的情绪。

为了避免面瘫，冬季最好注意头部和面部的保暖，享受生活玩乐时，一定要注意健康，不要过分放纵造成身体过于疲劳，导致面瘫。

教主美贴

假如你不能不熬夜，那么也要想办法把熬夜的伤害降到最低。熬夜前要有充分的准备，不要打毫无准备的仗。熬夜很伤身，所以晚上我们一定要吃一顿热热的晚餐。晚餐不要吃得太饱，否则血液集中在胃里时间太长，人会产生困倦感。困倦感会让人在意识里感到加班的难受和勉强。

熬夜的时候可以喝点咖啡或者茶来提神，也可以补充点点心。如果你需要熬个通宵，中途累了千万不能趴着睡，否则很容易感冒。感到很困倦的时候，你可以多做深呼吸，深呼吸能使得头脑清醒。注意室温，晚间总比白天冷，而且晚上人体依然在消耗能量，更容易感到冷。所以要熬夜一定要多穿点衣服。熬夜结束后身体疲惫极了，心里也非常累。这时最好的办法是吃一顿热的营养早餐，然后关闭电话放心地入睡。否则，如果心中带着很多想法，休息不好，起来的时候依然会感到很累。通宵熬夜结束后，按照正常的睡眠依然要睡够6至8小时，不要睡得过长。只靠早餐的能量想使身体迅速恢复是很难的。

从打电话习惯看你保养误区有多少

我们对电脑辐射和电磁辐射已经不陌生了。很多女孩会在自己的桌子上养一盆花，吸收电脑辐射。要想消灭电磁辐射也比较简单，只要隔三差五擦拭电器，把空气里的灰尘消灭到最少程度，电磁辐射的伤害也就随之减少了。手机辐射是一个非常让人头疼的问题。

前几年手机出现了时尚小巧的款式，许多女孩都会买一只别致的小手机，用精美的链子挂在脖子上。这样一来，她们把自己的心脏，置于手机的可辐射范围内了。因为手机离人越近，人体对手机辐射的吸收程度越高。建议最好还是把手机“藏”起来，放在自己随身的包包里。还有很多女孩喜欢睡觉的时候，也把手机放在枕头边，方便随手给朋友回信息。这样每天人脑都处在高辐射的危险当中。睡觉的时候，最好能关闭手机，把它放在离自己3米远的地方。

◎爱漂亮就使用耳麦吧

想要减少辐射，可以使用手机上的耳麦来接听电话。很多女孩在听不清对方说话的时候，会把手机拿得离自己的头部很近，或者左右走来走去试信号。这时手机会自动提高电磁波的发射功率，使得辐射强度明显增大。头部受到的辐射就会成倍增加。如果你使用耳麦，不必把手机拿近耳朵，只要调节一下音量就可以了。即使拿着手机走来走去，耳麦一样能听到，不用把手机拿近身体。

尤其当你在给他人打电话的时候，手机还没有拨通，就有女孩焦急地把手机拿近耳朵，要知道，这个时候手机的辐射非常强。但是假如你使用耳麦，就能避免这种伤害了。特别是当你不希望别人听到你的谈话，可以用使用耳麦，你的音量放低只有你和对方能听到就可以了。这样你完全不必担心进入电梯或者地铁，这些信号相对差的地方甚至可以一边走路一边打电话，哪怕是煲电话粥也不怕了。

但是建议不要在走路的时候打电话，因为戴上耳麦你的注意力，很容易集中在听对方的话上，容易造成惊吓和发生意外。

教主美贴

现在的手机越来越精美，功能越来越强大，用途也更多了。很多人对手机的材质对人体是否有影响，手机辐射会伤害身体吗这些问题已经有了一定的了解，但是对手机是否会“储存”细菌，却完全不了解。在一项专业人员对手机污染的调查状况中，发现每100部手机中有超过10种240株细菌，有39株为致病性金黄色葡萄球菌。手机每平方厘米驻扎的细菌约有12万个，远远超过了我们认为比较脏的袜子，手套的细菌量。这个统计数字是否令你感到胆战心惊？因为我们只是在使用手机，从不给它消毒。手机的电池在开机的时候，总是处于温热的状态，手机一直都是被放置在包包，衣袋这些适合细菌繁殖的地方。有的女孩总是在通话中将手机离口唇太近，或者一边发短信一边吃东西，这样都很容易让细菌进入人体。

内裤就要“喜新厌旧”

内裤可谓是我们的超级小秘密，我们的衣橱里都少不了几条款式和造型别致的内裤。其实内裤也是帮助女孩们造美的好帮手。我们不但要穿得舒适，漂亮，而且要时尚。的确是这样，我们总是不懈地追求着外在的时尚，内衣的美丽也要执行高标准。

◎纯棉内裤

女孩最好在衣橱里只放两种面料的内裤，纯棉和丝绸。只有纯棉和丝绸的面料，对女人来说是最健康的。这两种面料无论在世界各地都能购买到。纯棉的面料相对来说价格比较便宜，穿的时间不宜太久，因为经常水洗会比较容易变形，所以女孩们的衣橱里，一个季度最好有两条纯棉的内裤。清洗内裤的洗涤剂要选择比较温和的皂类，否则残留的洗涤剂对身体非常有害。内裤是贴身穿，女人阴道分泌的物质也并不容易清洗干净，每次清洗总会有一些残留。为了健康起见，建议女孩们将内裤的“生存”时间控制在3个月以内。女孩们要尽量自己用手洗内裤，不要将内裤和其他衣服放在一起洗，以免其他衣物的污垢和细菌沾染在内裤上。

纯棉内裤大多是平角裤和丁字型内裤，因为棉的收缩力有限，所以不适合用来塑造臀形。为了舒服，你完全可以选择出差的时候穿或者晚上睡觉的时候穿。

◎丝质内裤

丝质内裤的档次相对来说比较高，真丝大多产自中国，料子很薄透气性很好。而且丝质内裤穿在身上夏季非常凉爽。如果女孩穿裙子的话，无疑是最好的选择。但是丝质内裤的吸汗效果不如纯棉内裤，如果你是一位非常爱出汗的女孩，建议你还是穿纯棉内裤吧。

丝质的丁字型内裤由于比较轻而且贴身，纹路细小，适合上班穿西裤。无论你久坐还是蹲下，都完全看不出内裤的形状。

◎性感内裤

低腰的莱卡内裤是塑造性感身材的最好选择。如果你的腰部比较细，腹部没有多少赘肉，你完全可以选择花色漂亮，活泼奔放的款式。外面不管是穿飘逸的长裤还是短装，臀形都会非常美观。假如你很爱出汗，可以选择一款镂空的内裤，弹性贴身又很透气。如果炎热的夏季你想穿贴身的衣服，又要秀出高挑的身材和细腰，建议你穿高腰的内裤。高腰的莱卡内裤能束紧腹部,让小腹的赘肉被掩盖住，显你丰满的臀形。

最性感的内裤要数“T”型裤了，如果你的体型比较健美而丰满，这种裤型最适合展现你原本拥有的性感身材了。因为它穿来十分舒适，完全没有束缚。

教主美贴

很多女孩都自认为平时非常爱干净，衣物勤洗，内衣勤换，经常洗澡，可是却发生外阴分泌物发臭或者下部瘙痒的情况。这令她们百思不得其解，难道身为女人，就无法杜绝此类问题吗？其实问题并不在清洁习惯上，而在清洁材质上。我们通常会使用洗衣粉来洗涤衣物，但是下半身的衣物，不能和袜子及外套一起洗。否则外套和袜子上的细菌会沾染到内衣上。另外，洗完的内衣最好能用开水杀菌，再晾晒在阳光下。阴干的内衣并没有达到除菌的效果，不要碍于面子而害了自己。选择衣物的时候，内衣最好都选择棉质品，棉质衣料通风又卫生，下身的分泌物才不会出现气味。内裤要以宽松的为主，紧贴身体可能会显得线条流畅，迷你的效果不错，但是却影响了局部肌肤的呼吸，造成下身瘙痒。

私密清洁天使——卫生巾也不能天天用

卫生巾是女人月事的伙伴，很多女人发现使用卫生巾，或者天天使用卫生护垫，并不舒服。身体私密部位总是不太透气，总是有点潮潮的，每次换下来的时候，多少都有些气味。

对卫生巾就得又要“保守”，又要“喜新厌旧”

没办法，月事的时候必须使用它们。你可以选择透气性能比较好的类型，而且2至3小时更换一次。很多女孩以为，卫生巾本身有一定的杀菌功能，一个卫生巾只要不是被浸透，对身体是没有伤害的。这个想法可以说是大错特错了。由于卫生巾不太透气，造成了一个“温室”的环境，细菌最容易在那里滋生。女人的盆腔，宫颈，子宫，阴道和外面的环境是相通的，所以细菌滋生后，很容易就进入女人的生殖系统。我们不能依赖卫生巾的杀菌功能，因为女人月事时宫颈门大开，抵抗力下降，这时细菌进入生殖系统就会造成感染。据研究发现，女人的每克经血中含有大约108个微生物。当卫生巾使用超过3个小时没有更换，那么细菌就会成倍增长。就算你使用吸收力特别强的卫生巾，也要经常去洗手间更换。当你发现白带比较多，颜色比较黄甚至带血的时候，已经感染了阴道炎。

我发现很多女孩在购买卫生巾的时候，只认准了自己喜欢的牌子，拿走了事。基本从来不看质地，保质期。而且为了图方便和一次性购买比较实惠，会一次性买好几包回来。特别是如果这个牌子刚好做促销，更加便宜，干脆多买些回来。结果用了半年一年还没用完，在某次月事来时再用，居然过敏，仔细一看保质期，已经过期几个月啦。促销的产品大多已经靠近过期时间，购买的时候更要谨慎。超过保质期限的卫生巾没有了无菌保障，使用这样的卫生巾来护理私处，是多么恐怖的事情啊!

喜欢尝试不同牌子和功能卫生巾的女孩，发现新产品上市，或者自己喜欢那款出了什么药物卫生巾，香味卫生巾，也想赶个时髦。结果买

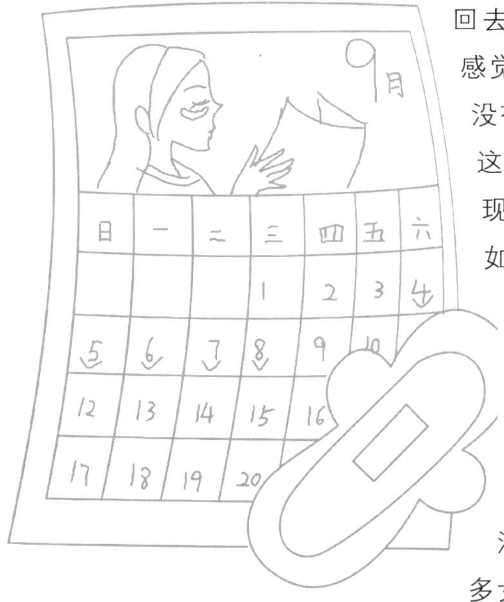

回去以后发现不合适，药物用完后感觉瘙痒，带香味的卫生巾用完比没有气味的卫生巾更怪了。说实话这些时髦不能赶，卫生巾买回去发现不合适不能更换，最要命的是如果药物或者香味过敏，你的私处可能会因此长出红疙瘩，得不偿失。

卫生护垫——它不适合你，还是你不适合它？

卫生护垫，能保证内裤的清洁，给身体一层防护。但是很多女孩苦恼地发现：无论多么方便舒适的护垫，用不了多久，就会出现过敏反应。这令大家很尴尬，甚至有人怀疑卫生护垫的消毒等措施是否严格。事实上在各大正规商场购买的卫生护垫，都是经过质量检验的。如果你曾经一直使用一款护垫，使用一段时间后，发现满适合你的。以后你一定会保持使用这款护垫的习惯。而当你发生过敏反应，只能说你已经不适合它了。

卫生护垫无论在冬季还是夏季，都能使你感觉到舒适。当你依赖上这种舒适感，对护垫非常放心的时候，常常是一天出门前打开包装拿出来使用，直到一天的忙碌完毕，睡觉前才会把护垫取出来丢掉。这样，一只护垫大约使用12个小时。12个小时，尤其是在夏季，女人身体的分泌功能增强，是不堪想象的。无论多么好的护垫都不能在8个小时以后更换，更何况12个小时。这就是依赖护垫，但是依然导致私处瘙痒的原因。不是护垫不适合你，而是你不适合它。

假如你没有一天更换2至3次护垫的习惯，建议女孩还是别用护垫了。

学会从白带分辨自己身体的“抗议”

卫生巾和卫生护垫使用不当，不勤更换，使用过期卫生巾会产生很多炎症，女孩要注意自己的白带反应：

1. 如果你发现白带呈糊状，总是感觉外阴瘙痒，有灼痛的感觉——霉菌性白带。

2. 白带颜色黄，很稀薄，还有些泡沫在上面——滴虫性白带

3. 白带颜色很黄，非常粘稠，有腥臭的味道——盆腔炎性白带

4. 味道恶臭，红色带有米渣一样的东西，白带量很多，外阴瘙痒严重——癌性白带

教主美贴

生活里我们使用的沐浴露，里面的成份是帮助我们减少肌肤瘙痒，清洁肌肤污垢的。但是很多女孩用沐浴露或者香皂来清洁私处。基本上把私处和周身其他肌肤等同对待了，这样做对私处来说是有害的。因为阴道是一个弱酸环境，而香皂，沐浴露都是碱性很高的产品，具有很强的氧化作用。用这些产品给私处做清洁，破坏了私处的弱酸环境，使外界的细菌很容易进入身体，发生感染。

如果女孩发现自己的私处有些瘙痒，会怎么处理呢？大多数会直接去购买一些消除妇科炎症的清洁液或者药品。市场上大量的洗液广告，功能和作用不同，但是很多女孩因为受洗液广告的引导，错误地使用了一些对私处不利的洗液产品，从而破坏了私处的自洁功能，导致免疫力下降，有的女孩甚至因此染上了妇科疾病。

3

不适感增强的原因

衰老与脸型

越来越多的人希望拥有精致的小脸，原因很简单，因为小脸美人最上镜。其实小脸的好处不仅如此，小脸好化妆打扮。无论你是想披一个淑女头还是做一个爆炸式的造型，小脸都非常适合。可是现在很少有女人认为自己的脸小，大多数女人即使拥有小脸，依然会发现自己的下巴太大了，颧骨太高了，腮太明显了。女人对自己的挑剔助长了小脸潮流的泛滥。我们常常羡慕荧屏上的美女，拥有百变的造型，可是脸型从来就不是想变就变的。一个人一生面部能整容的次数是有限的，造型也是有限的。不如我们自己来为脸设计一个喜欢的造型，让自己努力拥有它呢。

大脸并不是天生的，大多数女人脸部随着年龄的增长才逐渐变大。我们得分析分析问题出现在哪里，好有针对性地瘦脸。脸颊有赘肉显得脸大占第一位；嘴角周围肉多显得脸大占第二位；第三位就是下巴的问题了，双下巴或者下巴比较大显得脸型很大。

脸颊有赘肉，额头就显得小而窄，这个比例不均匀了，这种脸型看起来很宽大，的确是最令人苦恼的。脸颊的赘肉多，会出现层次感，更显得臃肿。而且脸颊上的赘肉往往很难通过按摩消除。最好的办法是运动，可以戴上瘦脸带。也可以运动后活动面部肌肉，直到感觉到有一点酸痛感再停止。能够帮助脸部消耗脂肪，防止脂肪堆积。

嘴巴周围肉多，显得面部松弛，比较宽大。嘴巴周围多肉往往容易显得比实际年龄大几岁，容易下垂衰老。我们平时尽量少吃零食，早晨起床以后尽量张大嘴巴，使周围的肌肉得到锻炼，晚上睡觉前少喝水。

下巴的赘肉显得脸大，基本就是体重的问题了。如果你的体重在逐渐上升，下巴相应的部位赘肉也会有所增加。所以我们不但要多活动颈部和面部，更要注意晚餐不要多吃，学会控制饮食。当体重下降，下巴上的赘肉也会相应地减少。

除了这些办法外，我们还可以选用一些瘦脸效果比较好的精油，每天睡觉前按摩一下，早上起来能收到好的效果哦。

教主美贴

我们对自己身体的一些不适反应，常常并不在乎，直到发现它们会影响到你的生活，才开始着急。颈椎病在男人身上属于高发疾病，其实很多女孩也有不同程度的颈椎病，只是保健的措施比较得当，没有造成过于严重的后果而已。女孩们有不少好方法是值得我们借鉴的：经常放风筝和游泳。我们在放风筝的时候，会经常回头，抬头，左顾右盼。无意识中活动了颈椎，经常放风筝有利于缓解颈椎病。这种扭头的活动非常自然，使颈椎能够保持弹性和脊椎关节的灵活性。能够增强骨质的代谢，预防椎骨和韧带退化。而游泳也是帮助颈椎恢复的活动，游泳的时候，人在水中毫无负担，不但颈椎放松，腰椎也处于轻松状态。尤其是头部总是抬起，高出水面，这时的抬头动作，并不像平时那么费力，而是自然而然地抬起。游泳是颈椎，腰椎最完美的运动，使颈部肌肉和腰肌都得到锻炼。

阴道松弛：抢救私处美

现代女人的美容原则还没有贯穿到生活里去，我们都奉行着一种顾头不顾尾的美容原则。根本没有哪位女人坚信只有不断改变，才能获得美感。原因只有一个：人会老去，美也会消失。所以，能保持外表的美已经不容易，更不要说去管理美了。我们看到女人们都是发现自己五官不够美才去整容，发现自己的体型不够好才参加健身，很少有人认为自己应该主动去获得美。对于那些本来外表条件就非常好的女孩来说，更是如此。外表条件出色的女孩，有不少人相信天生的美丽才是真的美，如果经过改造或者需要花大力气去维护，那就说明你并不是一个天生丽质的人。事实上，这些天生的美女到三十岁以后，却往往比那些靠保养获得美感的女孩老得快。女人一生要维护的美真不少：脸蛋，肌肤，身材，臀部，乳房，腿，秀发。却很少有人关注，自己的私处是不是美丽依旧。

◎阴道松弛

当时间带走了你容颜的俏丽，带走了你性感的身姿，你是否意识到，你的身体在发生巨大的变化，这些变化不仅仅是表面的，还有乳房下垂和阴道松弛。做了妈妈的女人在分娩过程中造成阴道扩张肌肉的弹性减弱。在恢复的过程中你是否发现，你的阴道已经不再像从前那样紧致了？很多女人担心阴道松弛，愿意采用剖腹产，其实这种担心是没有必要的。自然生产以后，应该对在恢复期自觉地锻炼，使阴道恢复弹性。

阴道的直径大约是2.5厘米，长约8厘米，阴道由韧带和肌肉构成，有很强的张力。阴道的内壁黏膜上面，有很多褶皱，这些褶皱在性生活中能够因为摩擦，而能使自己和对方产生快感。当阴道松弛，产生快感远远不如紧致的时候。想创造高质量的性生活，一定要加强对阴道的恢复。

◎伸缩靠锻炼

我们的人体本身自有修复功能，新妈妈分娩三个月以后，阴道就基本上恢复了。但是因为生产所造成的肌肉拉伤和过度的拉伸，恢复起来并不容易。很多新妈妈都感觉到分娩后乳房下垂，臀围增大，阴道松弛。而阴道松弛能够通过锻炼恢复，我们可以经常活动耻骨和尾骨肌这两块肌肉。站立挺胸收腹，开始下意识地收缩耻骨肌和尾骨肌，开始时可以慢慢锻炼这两块肌肉的收缩功能。当你感到可以随意调度收缩这两块肌肉的时候，每天站立练习收缩。当你用力收缩这两块肌肉，尽力使它们靠近，这两块肌肉会出现一点酸痛感，坚持一会，肌肉就会自然张开。然后放松3至5秒，再次收缩。每天做20次，不要因为想快点恢复，就每天练习上百次，这样会造成肌肉拉伤。而且，肌肉的承受能力是有限的，做20次并每次都能尽力收缩，做到位，效果会比较不错的。

◎手术收缩

做阴道收缩术的女人，要在月经完后一周去做。阴道收缩手术虽然是一个小手术，但是因为是人体私密处，手术要注意消毒，防止伤口感染。阴道收缩术有一定的危险性，做过阴道收缩术的女人，有的会发生阴道出血，阴道直肠瘘等问题。所以建议能不手术，尽量不要通过手术来恢复。

教主美贴

当阴道松弛在恢复期，一定要注意卫生，防止感染的发生。有的女人发现阴道松弛后，细菌很容易侵犯私处。

发生阴道炎是很多产后的女人的通病，她们常常非常依赖阴道清洁液。有的女人发现自己得了阴道炎，百思不得其解，因为她每天用清洁液，清洁工作可以说做得非常到位。其实，我们发现，很多的阴道炎的女人，就是过于迷信阴道清洁液造成的。现在我们能购买到的阴道清洁液大多是碱性的，而女人阴道是一个弱酸环境，弱酸环境能杀死细菌，抵抗力也不错。碱性清洁液不但不能杀死细菌，反而使阴道抵抗细菌的能力大大地下降了。正确洗外阴的方法很简单，用凉开水洗就可以了。

阳光才是我们最好的清洁液，假如你担心得阴道炎，可以将洗干净的内裤用开水烫一下，再挂在通风的阳台上让太阳杀菌。这样你就可以远离细菌的侵扰了。

4

控制力——饮食

“冰雪女王”的眼泪

我们常常开玩笑说某某人是“冷血动物”，肯定是她的手脚冰凉引起的。很多女人不仅仅是冬季感觉到自己手脚温度很低，在炎热的夏季，有的女人也会有手脚冰凉的情况。大多数人都知道这是因为身体血液循环不好的缘故，就像有的人喝了酒，面部肌肤很快变红，说明血液循环很好。而有的人即使不会喝酒，喝下去后也“面不改色”，这就属于血液循环不好的类型。想测试一下自己的血液循环情况，这个方法屡试不爽。

手脚冰凉不完全是血液循环问题，还有我们的保暖措施是否到位，气血是否充足。有的女人在冬季也喜欢“美丽冻人”的装饰，无论白雪飘零还是冷风呼啸，总是穿着长靴，露出膝盖，甚至上身还穿短装，秀出漂亮的腰带。男人们百思不得其解：即使身体健康强壮的男人，也感觉到寒风的威力，这些“美丽冻人”的女人，真的不冷吗？答案只有一个：冷！但是很漂亮。寒流中这类服饰的确是倍增了女人的魅力，但是没有想到的是，女人们将这种美丽发挥得更“尽兴”。没有大衣作为保暖层，身体的温度可想而知。身体长期处于冰冷的状态，容易感冒。人体在受到冷风侵袭的时候，毛细血管收缩，毛孔关闭，血液回流能力减弱，人的手脚尤其是指尖脚尖部分非常冰凉。血液无法将温暖带到你的指尖和脚尖，会造成末梢血液循环不好。这种美丽是病态的，对我们保

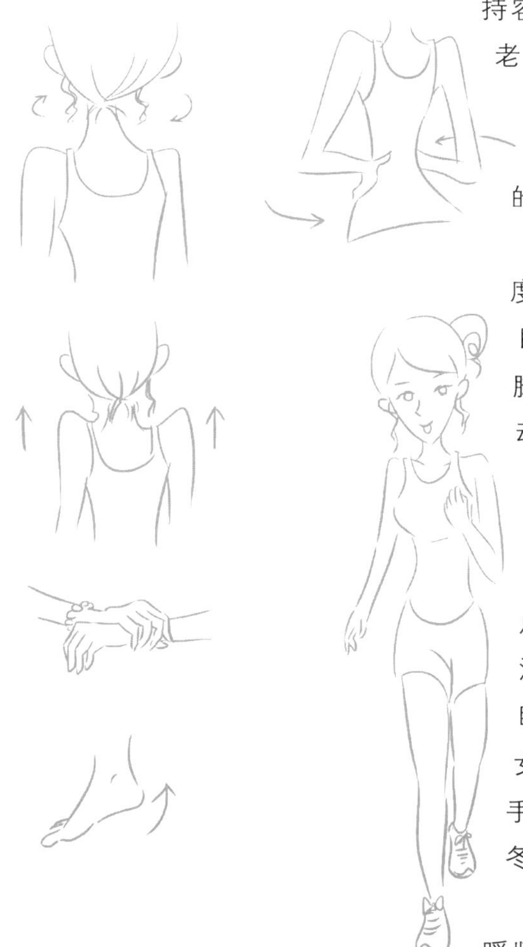

持容颜不利，身体肌肤很容易衰老。手脚冰凉的女人每个月的月事也是比较痛苦的，经常发生月经不调的情况，导致痛经的发生。

我们的身体都有自动调节温度的能力，但是冬季很多女人即使穿得比较厚比较暖和，手脚还是冰凉的。这时人体的自动恒温能力不强造成的，平常我们就能从面色，眼睛分辨出那些自我保暖能力不强的女人。东方女人肌肤都有一点黄，眼睛中瞳孔的颜色比较深。假如脸色比较黄而暗淡，眼睛的眼白比较浑浊，这样的女人很容易贫血。由于贫血，手脚供给的血液量少，即使不在冬季，手脚也会比一般人凉。

解决手脚冰凉问题，要将保暖坚持到底，尽量穿宽松一些的衣服。少穿塑身衣，如果塑性衣太紧，会阻碍人体血液的循环，从健康的角度来说是不好的。多泡泡澡也不失为促进血液循环的好办法。

手脚冰凉的女人即使在炎热的夏季，也要少喝冷饮，少吃生冷的食物。多吃富含盐酸和维生素B，维生素E的食物。按时吃饭，不要偏食，给身体提供充足的热量。

教主美贴

冬季出门非常令人难受，因为室内的温度和室外的温度相差太大，人要适应寒冷的环境需要一番运动。而对于女人来说，身体总是冷冷的，对健康不利，怎么会有温暖的容颜呢？你是否知道如何才能让手脚迅速地暖和起来？这里有一个小方法很简单——甩手和跳。这么简单的驱寒办法，我们在冬天几乎都能用到。在我们出门时，可以选择一个空间比较大的房间，将手高高举起，然后用力向下甩。重复不到5分钟，你就会感到十指开始温暖起来了。在出门的时候，穿再多的衣服，都能感到外界的寒冷，那是不爱活动的结果。而膝盖是很容易受凉的部位，我们如何保护它呢？选择一个5厘米高的小台阶，做跳跃运动。这个动作不仅仅能让膝盖很快温暖起来，肩背，腰和脚也会跟着暖和起来。这个运动同时还能促进心肌血液循环，增加肺活量。5厘米，仅仅相当于一个高跟鞋的高度，但是却能带给我们意想不到的收获。

挽救零食掠走的体温

体温的高低对女人来说重要吗？正常的体温能保证体内内脏的活力，你的消化吸收功能都比较好，不容易出现腹胀，正常体温的人还不容易便秘。身体的新陈代谢功能旺盛，血液循环快，免疫力保持在一个比较高的水平。夏季来临，有多少女孩能忍住冷饮的诱惑呢？新上市的美味冰激凌，夜宵的冰镇可乐，甚至精致的小凉菜都让女人开心。我们的身体究竟能承受多少“凉意”呢？当我们抱怨，为什么女人爱头晕，为什么我总是气短，为什么我的子宫寒冷，你是否想到，那些美味的冷饮，零食，早就把你的体温带走了。正常人的体温大约在37度，假如你夏季经常吃冷饮，冬季不注意保暖，体温降低到36.2度的临界点，就会经常出现头晕，痛经，气短现象，很容易生病了。

◎低体温带走温暖容颜

零食究竟怎样掠夺我们的温度，使我们就缺乏地抵御疾病的那一度呢？

大多零食都是膨化产品，有的含有高脂肪，高蛋白，大多吃完以后都容易上火。吃零食没有上火的女孩在地球上还没有出现过。上火以后，需要“灭火器”，消灭口腔溃疡，消灭牙龈肿痛，消灭胃部胀痛，疯狂地喝茶，吃消炎药。消炎药吃过多，会导致腹泻，这种矫枉过正的现象每天都在发生。腹泻以后肠胃功能紊乱，肠胃在这种恶性循环中逐渐被折磨得疲乏无力，神经功能减退。十几岁恋战零食场的女孩，二十多岁以后大多都比较胖。这种胖并不是体重超重，而是肌肉松弛，体温较低。胖的女人比那些身材健美的女人，更容易感冒生病。

低体温的女孩，更容易发生肩膀僵硬酸痛、眩晕。因为手脚的末梢血管紧缩，血液自然不易流通，体温低的人还容易手脚冰冷。体温偏低身体血液循环不好，免疫功能下降，容易发生月经不调，宫寒等妇科疾病。

我们最常看到的是，一些女孩非常爱感冒，尤其在换季的时候，气温降低一点，就得吃感冒药。那些体温比较低的女孩肌肤都不好，因为低体温则不易消耗热量，也会让细胞的新陈代谢率衰退，使肌肤变差。

◎体温升高1℃的奇妙之处

高体温对女孩来说，意味着你不需要找太多办法来防御，身体也不容易出毛病。就拿侵入身体的细菌和病毒来说吧，当体温升高1℃，白血球提供的免疫力就上升37%，基础代谢率就会增加12%，血液循环加快，体内酵素更加有活力，人不容易发生便秘和胀气。如果体温能升高1℃，你的脉搏跳动就会增加10次，细胞的代谢能力也会增强。可以说体温更是血液循环的保温层。

◎让你重新找回温暖容颜

我们该如何找回我们的体温呢——泡澡。泡澡似乎是现代人一种比较闲暇时的享受，很少有人能坚持一周泡澡一次的。事实上泡澡对女人来说，是一种身体自我恢复的绝佳方法。将水温保持在40℃左右，全身或者半身浸在浴缸里。用手轻轻按摩全身的肌肤，使肌肤毛孔张开，血液循环加快。泡澡时你的心跳会加快，出很多汗。大约泡20分钟左右就可以了，汗液带出来很多废物。女孩们如果经常头晕，千万不能泡得太久，会大脑供血不足。对于女人而言，全身的温度保护都非常重要。假如你受凉了，或者吃零食发生腹泻，吃了过多冷饮，这一周一定要记得泡一次热水澡，把温度补回来。

身体温度舒适，就像春天百花开遍，假如体温很低，盛夏也会手脚冰凉。如果你没有恒心通过泡澡提高体温，那么你可以选择运动锻炼。不经常运动的人，身体比较僵，需要先做一些准备运动，让自己逐渐进入状态。准备运动就是运动的前奏，防止你在运动加剧时出现拉伤。准备运动主要针对的是全身的关节，颈椎，腰椎，手腕，肩膀和踝关节。关节活动好后，开始短跑15分钟，或者疾走15分钟。有慢而快进行，然后再又快到慢逐渐停止。当快速运动，呼吸会变得急促，全身血液循环加快，体温逐渐上升。经常运动能使关节活力增强，肺活量增大，身体循环加快体温上升。

教主美贴　垃圾食品也有健康的吃法，油炸食品、罐头食品、烧烤食品等都是女孩们喜欢的。这些食物的营养结构单一，大多只提供了热量而无其他营养成分。但是垃圾食品并不是一点都不能吃。事实上本来并没有垃圾食品这个说法，食品都有一定的营养价值，只是做法让食物变得有了不同的品味。对于垃圾食品我们要尽量少吃，即使吃的时候，也要讲究吃法。吃零食能帮助我们产生饱腹感，这样正餐的时候就不会吃得太多了。但是以零食代替正餐的做法是垃圾食品的垃圾吃法。

究竟谁最后为月事不规律买单

月事不规律，令人发愁，太多的未婚女孩面对这个问题还可以“放任”一下。但是已婚美女们就更难受了：担心自己是不是患了什么毛病，担心性生活会不会受到影响。女人的承受能力是有限的，月事的不规律会弄坏你的心情，让你无心去做自己想做的事，烦恼和担忧正在一点点毁掉你的美丽容颜。就是因为月事是件“循规蹈矩”的事，所以我们最容易发现它的异常动作。这些异常本来是我们用来检测身体好坏的一个信号，可是真的没规律了，问题也就来了。究竟是哪些事情导致月事不规律呢?

来一起排查一下你日常生活里导致月事不规律的因素吧，以下选项，A为1分，B为2分，C为3分，无则计 0分。

一. 电磁场影响

1. 想想每天你在做饭的时候，哪些电器的使用频率最高?

A. 电炒锅　　B. 微波炉　　C. 电饭煲

2. 心里估计一下，你能离开电脑的天数?

A. 一周以上　　B. 3天　　C. 半天都不行

3. 你在家里每天平均看几个小时电视?

A. 1小时　　B. 3小时以上　　C. 5小时以上

4. 你睡觉的地方离冰箱的距离是:

A. 8米以上　　B. 5米左右　　C. 3米左右

5. 你的手机平时放在:

A. 背的包包里　　B. 拿在手袋里　　C. 挂在胸前

6. 每次洗完澡,你会用吹风机吹干头发。每次你使用的时候:

A. 打开用手试一下风再吹

B. 打开后拿起来吹

C. 先拿起来对着湿发后打开吹

7. 你经常和好朋友煲电话粥,你选择的方式是:

A. 用座机聊

B. 用耳麦或者免持听筒接听

C. 躲在小房间里用手机贴着耳朵打

分值表:

0至7分:你每天遭受的电磁辐射并不严重,月事基本上像使用电器一样很听指挥。你的身体基本没有遭到严重的电磁辐射侵扰,内分泌相对比较平衡。

7至14分:你要注意使用电器的时间和电器摆放的位置,因为电磁辐射对你的月事已经产生了一定的影响。你发现月事总是提前或者有些推后,是因为电磁辐射导致了内分泌有些失衡。最好的办法是:睡觉的房间里不要摆放电脑,每周擦拭一下电器,少用微波炉等电器做饭。

二. 测测你的饮食规律:以下选项,A1分,B2分,C3分,无则计0分

1. 夏季因为天热,你总是:

A. 吃些温热的粥　　B. 喝很多冰镇的开水　　C. 吃很多冷饮

2. 你每天中午都会:

September						
日	一	二	三	四	五	六
1	2	3	4	5	6	7
8	9	10	11	12	13	14
15	16	17	18	19	20	21
22	23	24	25	26	27	28
29	30	31				

A. 再怎么样也要自己弄点吃的　B. 叫外卖

C. 每次都吃快餐

3. 你吃东西的喜好是：

A. 不怎么挑，基本上喜欢的东西都会吃一点

B. 虽然有的东西不喜欢吃，但是听说很有营养，所以会勉为其难吃一点

C. 只吃自己喜欢吃的，对不喜欢吃的东西根本不看一下

4. 你的饮食习惯是：

A. 很爱吃青菜和水果，每天都必须吃一个苹果或者其他水果

B. 吃泡菜，但是量不多，喜欢吃肉，也吃得不多，比较喜欢吃青菜和水果吧

C. 基本上只吃肉，别的菜都不香

5. 你对饮食的喜好有：

A. 吃得有营养就行了，烧烤和涮菜不能天天吃，所以还是能控制自己的

B. 偶然吃一下烧烤和涮菜，觉得那种饮食不够健康，所以只是用来调剂生活

C. 狂爱吃烧烤和涮菜，美味是我追求的首要因素

6. 你经常吃完饭后感觉：

A. 肚子有些不舒服，会注意下次不要吃这种东西

B. 有点腹胀，很难受，为了肠胃好，即使是美味也少吃为妙

C. 经常便秘或者腹泻，很讨厌这种感觉，但是不能归罪于乱吃零食

7. 经期你对咖啡的态度：

A. 经期不论怎样我都不喝咖啡，以为这些东西很刺激

B. 我会喝一点咖啡，但是听说最好的办法是喝点糖水

C. 为了缓解情绪我会喝点咖啡抽支烟

分值表:

0至7分:你比较会爱护自己，只要能好好坚持下去，你就能养成好习惯。你在经期基本稳定，很少有较厉害的疼痛，这些都是饮食习惯良好的表现，要再接再厉哦!

7至14分: 虽然你明白坏习惯会导致你的身体不舒服，但是你经常“管”不住自己的嘴巴，偶尔会放任自己一下。经期会有一些不舒服的感觉，但是也不会经常痛经，所以你并不在乎。事实上你的情况是正处在好与坏的分界处，一定要提醒自己，不要坠入“月恼族”。

15分以上:你爱吃凉东西，身体血液循环不好，经常便秘，年轻却又遭受着生理健康的困扰。你总是期望下次月事能越来越好，但是在杜绝坏习惯上采用放任的态度，导致你的健康状况其实已经不容乐观了。

三. 看看恶习为你闯了多少祸：以下选项，A1分，B2分，C3分，无则计0分

1. 每次你感冒或者发烧，你总是:

A. 去医院看医生，听医生的话服药，然后按照医生的嘱咐休息

B. 问问朋友们吃什么药，或者自己找书看然后买药

C. 上网查或者根据经验吃药，感觉为了让自己快点舒服没有时间去医院

2. 经期你感冒了，会

A. 尽量不吃药，保暖让感冒快点好，多吃些东西补充能量

B. 吃小剂量的药，希望不影响月经，只要发现自己有些好转就停药

C. 雷打不动吃药，不管月经来的量多量少，只要自己舒服就好

3. 朋友来约你去蹦迪，可是你正好在经期，你会:

A. 委婉拒绝她，告诉她你不太舒服，下次再陪她

B. 还是会去，但是在迪厅听听喝点饮料看热闹，自己不跳

C. 照样去，感觉跳舞也是运动，对身体没有害处，而且自己高兴，对身体会更好

4. 女人因为月事会流失掉很多血液，大多数女人都在补血，对此你认为：

A. 绝对OF COUSE支持！但是自己不会滥补，认为补血也要根据不同体质来补

B. 应该是个正确的概念，但是自己只有到有些头晕的时候，才会意识到是不是需要补血啦

C. 太可笑了，女人都强大的造血功能，根本不需要补血。如果头晕，肯定是觉没睡好吧

5. 一个很开心的PARTY，大家玩得正HIGH，有人提议喝点酒，你正在经期：

A. 告诉他们你要点饮料就行了，下次一再陪他们喝

B. 不想扫大家的兴，所以勉强喝一点

C. 觉得红酒能养颜，经期喝一点还能活血，喝玩兴趣高涨是最重要的

6. 你发现最近体重增加得很快，为了减肥：

A. 你会增加水的摄取量，并努力锻炼，按照科学的减肥计划来控制热量

B. 你会停止肆无忌惮地吃巧克力冰激凌，尽量改吃水果，但是主食并不会改变

C. 只吃水果和蔬菜，其他的东西热量太大了，即使感觉营养不够也不愿意补充蛋白质

7. 你发现朋友们都在用有激素的面霜，而且效果蛮好的，你会：

A. 先问问她们为什么用这种含有激素的面霜，考虑好以后会到柜台去再咨询

B. 很好奇自己也买一瓶擦一点，但是很快就不用了

C. 她们都用了觉得不错，肯定错不了，我也要用，美丽不能全部被她们垄断了

分值表：

0至7分：你很清楚坏习惯与月事不规则的关系，所以比较谨慎。你知道纵容坏习惯的结果，所以一直受到坏习惯太多的侵扰，你身体的抵

抗力比较好，机体功能都很正常。保持是你目前最需要坚持的。

7至14分：你已经被坏习惯捕获，但是有时候你还是觉得坏习惯给你带来了不少危害，你为此深深烦恼，只是每次到了该做决定的时候，你总是立场不坚定。这些坏习惯已经使得你的月事受到了影响，但是身体的信号每次告诉你，你还是很健康，于是你又会继续放纵下去。记住，没有人会为你的健康买单！

15分以上：你抱着享乐主义思想，对什么都有自己的解释，哪怕是错的你也不在乎。你的身体经常受到不良因素的侵扰，但是你认为自己年轻所以满不在乎。你已经透支了健康，在快乐和月事的烦恼里消沉。建议你多看看女人的保养知识，不要做过早凋零的鲜花！

教主美贴

经期需要做的几件事：

1. 保证有规律的作息，保证心情的舒畅，尽量避免给自己造成心理压力。

2. 保持正常的饮食规律，不吃寒凉的东西。

3. 不要过度用脑，不要参与太多体力劳动。

4. 保持衣物的清洁，最好月经前清洗一下床上用品。

5. 适当的做一些运动，促进身体的血液循环。

月经不调能够反映身体的一些疾病，我们把月经的期、量、色、质等，任何一方面发生的改变，都叫做月经不调。女人的卵巢功能失调，内分泌失调，过度减肥等等都会引起月经周期的变化。

5

健康是美丽的基础：童颜美肌先解决女人内部疾病

肩膀酸痛的无奈：美女怎可不露肩?

夏季很多女人喜欢穿裸露双肩的衣服，白皙圆润的颈部和瘦削的肩膀，骨感带来的时尚美不胜收。有的女人肩膀浑圆，坚实而细腻，让人浮想联翩。这些美感来自女人们的个性，来自健康的青春。但是肩膀并不像我们想的那样坚强，每天起床，肩膀就保持着正直。女人们还会背各种包包，这些包包都要背在肩上，无形中给肩膀带来了持续的压力。我们即使不经意在街头回望，那一个个女人的背影，有多少是双肩平齐的？背包的姿势影响了肩膀的端正。我们来做一个试验，让几个不同年龄的女人采购包包，我们会发现，当她们拿到自己心仪的款式的时候，都将包包背在肩膀的同一侧。假如你提醒她，总是背在一侧久了会导致双肩不在一个水平线上。她一定会很紧张，赶紧改过来。但是改变不会超过半小时，她依旧会把包包背在她喜欢背的那一侧。可以说这种习惯基本上导致了所有的女人双肩的不平齐。

而对于始终担负背包任务的那个肩膀，就更不公平了。在日本，很多女人都有肩膀酸痛的情况，这和长时间埋头做事不注意休息，或者总是将包包背在同一侧的坏习惯是分不开的。

肩的酸痛总是隐隐地产生，又悄然地消失。即使去医院看病，贴上一些帖敷，再或者是吃药，都只是能缓解这种症状，并不能从根本上消除肩膀的酸痛。

造成肩膀酸痛的原因，除了做事不注意休息，背包不经常换肩膀分担压力外，还有姿势的问题。如果姿势不对，一整天下来肩膀肌肉的负担很重，就容易出现酸痛感。

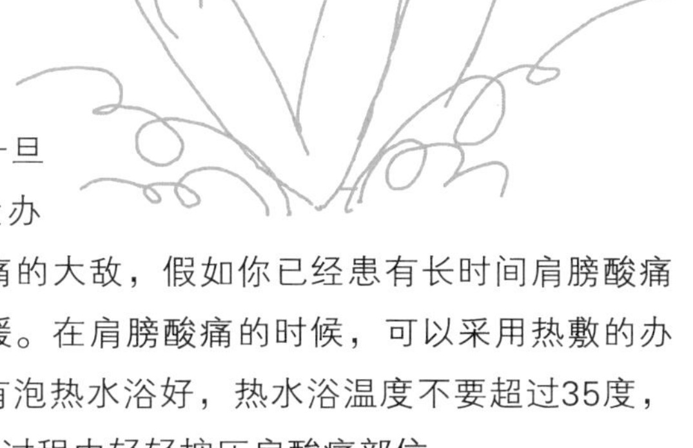

为肩膀酸痛发愁的女人，基本上都放弃了春夏季穿露肩装的机会，因为肩膀一旦受凉，就会加重酸痛感。没办法，只能放弃。冷是肩膀酸痛的大敌，假如你已经患有长时间肩膀酸痛的毛病，那么一定要注意保暖。在肩膀酸痛的时候，可以采用热敷的办法缓解。局部的热敷效果没有泡热水浴好，热水浴温度不要超过35度，自然放松肩膀，在暖水冲洗的过程中轻轻按压肩酸痛部位。

长时间的肩膀酸痛会让你变得“手无缚鸡之力”的。我们看到在菜市买菜的女人，手里仅仅拿了几斤的东西，却已经气喘吁吁了。事实上不是因为她无法承受重量的压力，而是肩膀酸痛使她不能提重物了。

肩膀中堆积了过多的乳酸，就会出现如肌肉酸痛一样的状况。按摩不失为一个好办法，如果能配合一点酒精来按摩，能减轻酸痛的症状。按摩是“冷疗”，通过手的力量对肩膀局部的肌肤作用，这种办法最适宜于肩膀突然出现酸痛难以忍受，按摩后会消除一些。按摩与吃药一样，都不能从根本上消除肩膀的酸痛感。我们不妨采用自然的锻炼方法，锻炼是自动的“热疗”方式，通过活动使浑身暖和起来，筋脉也顺畅起来。这时肩膀局部的疼痛会比较明显，我们可以针对这种酸痛感，慢慢抬起手臂，在两侧快速甩动画圆，用胳膊的力度来带动肩膀做圆周活动。

另外，倒立对缓解肩膀酸痛有很明显的效果。注意，不是所有的人都适合倒立的。腰椎不好，手臂不灵活的人最好不要做。倒立全身的压力都集中在了手臂和肩膀上，你会感觉到肩膀和腰椎很酸胀。这种锻炼方式能使肩膀的肌肉变得越来越结实，肩膀的承受能力逐渐增强。倒立是全身的运动，每次不要超过3分钟。

大概是因为从颈部到肩部的肌肉不好的原因，加上因工作生活中一些不好的姿势习惯，加重了肌肉的负担，这样就使肩部酸痛更为严重了。若想一时减轻疼痛，按摩是一种挺有效的方法。但是要从根本上消除病痛，锻炼肌肉，通血活络就显得更为重要了。因为是由于生活习惯而成的病痛，当然是需要改变生活习惯才能治疗的。但是，在疼痛已经不能忍受的时候，则需到医院就诊。

教主美贴

当身体某个部位告急，你一定百思不得其解，为什么“受伤害的总是我？”其实，问题爆发出来是或迟或早的事。加强日常防御，才能让我们免受伤害。

保健意识要加强，女人爱美但是不要一年四季都穿裙子，裙子的保暖效果没有大衣好。冬季最好能裹得严实些，能够防止被冻感冒或者肢体受凉。休闲或者做事，姿势很重要。一般来说无论我们是看电视还是上网，身体基本都保持一个姿势好长时间不改变。这样可能造成身体某些部位压力比较大。尤其对于女孩们来说，久坐伤身体，所以，最好能每1.5小时起来活动15分钟。自己做作保健操，远眺开阔一下眼界。无论做事还是站立，都要姿势端正。比如上网，眼睛离屏幕的距离不要太近，注意保护视力。久坐身体的血液循环减慢，很多女孩习惯于交叠双膝，这样会增加在下面支撑部位的压力。

经前睡眠不好 原来是激素在搞怪

从少女时代开始，女人就开始了不一样的人生。有多少女人从来没有为月经发过愁，担心过呢？从来就没有。我们学会了照顾它，关心它，善待它。无论每个月的月经是个好伙伴也好，是个不良之友也罢，我们只能选择面对它，与她为伴。对于主导月经的激素我们大多有了一定的了解，雌激素掌控着女人的特征，是女人美丽风采的源泉，月经期的烦恼也正是雌激素的作用导致的。很多女人发现，月经来潮前乳房有些胀痛，整个经期睡眠质量都不好。只要发生不愉快的事情，反应比平时大，身体也会出现一些不舒适。这种情况很多女人都有，很普遍。我们不用太担心，健康女人都会出现不舒服的感觉和情绪改变。控制经期的情绪，才能获得好睡眠。对经期出现的情绪变化：健忘，失眠，烦躁，抑郁；生理变化：乳房胀痛，下腹坠涨，便秘便溏不要惊慌失措。因为经期过去后，大多数症状都会消失。

我们要了解自己的身体，了解身体激素的水平。当你越了解自己，控制情绪和调整身心的能力会越强。

女人身体的激素水平是一个波浪线，即有高潮也有低谷。雌激素在排卵前达到一个高峰。排卵后雌激素水平暂时下降。经过7至8天时间黄体成熟时，雌激素又达到另一个更高的峰值。排出的卵子如果没有受精，黄体就开始退化，雌激素的分泌迅速下降，孕激素分泌逐渐减少，月经来潮。月经来潮后女人体内雌、孕激素都处于一个很低的水平。雌激素的高低波动，使得女人在不同时期产生不同的心理反应。月经前因为雌激素参与了植物神经调节功能，所以很多女人都会在月经前期失眠、紧张。

假如你很难从心理上克服这些情绪和生理问题，可以在经期补充一点雌激素。最好采用天然的雌激素和维生素来缓解症状。

豆浆中含有大量的植物激素，不会扰乱身体的激素水平，又能起到镇定安神的作用。吃维生素B6，能调节人体的植物神经系统，对睡眠有一定的改善作用。

激素并不是影响女人情绪，导致生理不适的唯一因素。假如我们经常承受着巨大的压力，不注意休息，挑剔饮食，有着许多不健康的生活方式，那么，即使身体激素水平正常，也同样会焦躁不安，无法安然入睡的。

三步解决经期焦躁

当女人不快乐时，就会出现一些不安的情绪，严重的会导致身心疾病。所以，月经周期中无论激素和情绪如何变幻莫测，我们始终要想方设法把注意力转移到自己喜欢做的事情上。多想开心的事情，少想那些不愉快的事情。坚定地执行自己的学习和生活计划，持续地这样做下去，你会对克服女人情绪周期越来越有信心的。月事期间每个女人的反应是不同的，但是大多数女人都喜欢坐着不动，因为习惯来说月事行动不方便。实际并不是这样的，久坐会使得血液淤积成块，对身体不利。所以，适量的运动，保持乐观的心态对每次月事来临也是很有帮助的，如果你的情绪好，再轻松地做些简单的活动，容易获得好的心态，对月事带来的疼痛或者失眠的情况不会过多地在意。

有的女人因为经期烦躁干脆抽支烟或者喝点酒，要不干脆喝大量的咖啡和巧克力，借以麻醉自己的神经。结果事与愿违，酒精会增加血液循环速度，导致经期出血更多。而咖啡，烟会影响我们的睡眠。结果不但不会缓解经期的紧张情绪，这些有害健康的刺激活动还会让你头晕或者腹痛。

有的女人经期不爱吃东西，想减轻腹胀和腹痛的感觉。但是不吃东西使身体得不到充足的热量，营养跟不上，很多女人会出现乏力，面色黄暗的情况。假如你每次月事时都感觉腹胀，那么不妨喝点温水，或者热汤。最好能吃一点水果，比如樱桃，草莓等等，尽量不要吃梨这样的凉性食物。晚上睡前可以温热一杯牛奶，牛奶有安神的作用，能帮助你进入梦乡。

教主美贴

很多女孩在经前都会发生嗜睡，紧张，头晕的情况，尤其是情绪上波动比较大，经常烦躁不安，容易生气。这种情况大多是正常的，但是时间久了可能使你患上经前焦虑症。与其被动地每个月承受几天这样的不快，不如主动去调整它。如何才能改变潜意识里，每次经期都不开心，消除紧张情绪呢？首先要准备好经期需要的物品，让自己从心理上产生：无论怎样，都没有问题的感觉。另外，在经期前给自己安排一次和好友购物或者看电影的约会，这样时光可能在快乐中度过，而不是烦恼。每个经期都有这样的快乐，你就会逐渐无暇顾及经期的紧张感了。经期前来一场小运动，你可以选择运动量比较小的，又能伸张身体，使血液循环加快。运动完2小时后泡泡澡，这时可以将水温调到42度左右，让身体好好出出汗，排除毒素。泡澡给身体带来愉悦感，对于情绪来说更是如此。

细数乳房那些美丽与哀愁

可以说自月经初潮开始，女孩们就已经感觉到了胸前明显的变化。带着无比羞涩和快乐，大多数女孩都不好意思抚摸这个地方。每一次洗澡，我们发现乳房的小丘开始隆起，乳房变得柔软光滑。随着胸衣号码的增大，女人的兴奋和自信越来越明显。大多数到达18岁的女孩，如果觉得自己的胸前没有傲人的挺拔感，会想一些办法来让它丰满起来，而按摩乳房不失为一种丰胸的好方法，对想做乳房保健的女孩来说也是不错的选择。

◎准备方案

做扩胸运动，使得胸部血液循环加快。扩胸运动要配合深呼吸来做：扩张时候呼气，双手回到胸前时吸气。速度要慢，呼吸使肺部活跃起来，给身体充足补氧。

为了达到理想的效果，我们在按摩前最好能先用湿毛巾将乳房表面清洁干净。然后将毛巾用开水烫过杀菌。热敷前用自己的手腕补和掌心平行的部位肌肤，来测试毛巾的温度。温度在42度左右比较适宜。热敷迅速给局部肌肤加热，使肌肤的血液循环加快，毛孔张开。

◎按摩流程

按摩的时候，先将适量的棕榈油涂在乳房表面，按摩过程中注意不断补充棕榈油。沿着乳房的外表旋转手指。切忌不要将乳房抓捏起来按揉，那样会伤害乳房的软组织。

然后，从乳房左右两侧腋窝轻轻往乳头推动，按摩手法要轻柔，不要使劲推使乳房产生强烈的刺激感，在这个接触过程中，尽量不要触及乳头。

最后，用手从乳房下面轻柔向上推，接近乳头停下来，用掌心轻轻按压乳房再弹起。按摩乳房能使乳房局部毛细血管通畅，使过量的体液再回到淋巴系统。

按摩贵在坚持，乳房的变化是比较缓慢的，有的女孩心急想尽快看到自己的胸部丰满起来，增加按摩次数或者按摩强度，这是不可取的。乳房的肌肤非常娇嫩，一天按摩次数不能超过2次，按摩时间要控制在20分钟以内。做按摩千万不要用力，否则不但胸部不能丰满，还损伤了软组织。我们可以把乳房的按摩保健运动当作化妆的过程，早晨起来洗脸之前按摩，按摩后洗脸化妆。晚上卸妆后入睡，在入睡前按摩。

如果对按摩没有多少耐心的女孩，可以选择用食物丰胸。食物丰胸指的不是食用丰胸药剂，而是采用大自然的食补。下面介绍一个做法便捷又美味可口的顶级丰胸汤：木瓜牛奶汤

◎炮制方案

木瓜一只洗净，切成两半，去籽。将木瓜皮削去皮，切成指尖大小的丁备用。牛奶一袋200克备用。

先将清水20克放在锅中煮沸，加入冰糖少许（根据口味来决定放多少）。煮沸后将木瓜丁放进去，煮15分钟。将牛奶倒入同煮几分钟就可以食用了。有的女孩喜欢喝牛奶木瓜汤，可以煮的时间长一些。时间根据个人喜好来定。

起锅后可以看到木瓜色泽鲜嫩，汤略带甜味，口感棒极了。

这道超级丰胸汤闻名东亚，能帮助女孩们获得丰满胸部的同时，达到瘦身的效果。

◎乳房之忧

乳房可谓是成熟女人美的顶峰，但是最美的部位却往往藏着许多忧伤和哀愁。乳房柔软富有弹性，却容易疼痛，长肿瘤。世界上有三分之一的女人有乳腺问题，乳腺癌现在已经成为21世纪女人健康的头号杀手。

城市生活带让人们的更多的紧张情绪，世界各个角落里每天都有不少女人因为乳腺周期疼痛烦恼着，乳腺问题并不值得恐慌。因为大多数乳腺疾病是可以调理的，乳腺肿瘤是良性的。乳房和其他内脏器官不一样，它位于人体表面，可以看得到、触摸得到。我们对它所发生的病变也能较早发现。

韩国主妇朴康丽在婚前，就已经感觉到乳房会随着月经周期疼痛。她留意到乳房总是在经前一周开始有肿胀感，有时候有压痛。只要月经

一来，肿块就开始软化不见了。一周持续的疼痛让她无所适从，为了搞明白自己的乳房究竟得了什么病，朴康丽来到医院就诊。结果出来了，乳房没有肿块，乳房的胀痛是情绪所致。

医生告诉她，引起乳房疼痛的原因很多，她属于周期性乳痛。发生在月经前几天。因为这段期间乳房血液供应量增加，造成肿块而引起疼痛。还有一些女孩是由于乳房感染，引起急性乳腺炎或乳房脓肿，除了疼痛外，局部常伴随有红、肿、灼热感，需要一定的药物或手术治疗。另外，乳腺囊肿也会疼痛。女人哺乳停止后，乳晕下乳管阻塞扩张，里面充满奶汁和脱落的表皮细胞。能触摸到肿大的乳管；伴有疼痛感，要用手术切除。

疼痛的肿块需要情致的调理，饮食的调理或者采用药物或者手术治疗。而那些不疼痛却有肿块的乳房，更可怕。女人在三十岁前，肿块大多是纤维腺瘤，这是良性疾病；三十岁后到停经之间，肿块已经是囊性增生。很多女人停经以后乳房肿块消失或者停止增长，这与身体雌激素的变化有关。那些不停止增长和消失的肿块，往往有发展成乳腺癌的危险。

一位27岁的女人就医，发现乳房有肿块，但是不疼痛。各项检测指数出来后，医生们决定给她做化疗。这就是一例典型的乳腺癌病人，只是发病年龄轻，也处在乳腺癌早期。她就是在一次洗澡时清洗乳房发现乳房上有难以推动的肿块。肿块不随着月经周期增大减小，也不会疼痛。乳腺癌发生到晚期，乳房局部的肌肤会出现凹凸不平，乳头凹陷进去。因为乳癌周围组织发生纤维化，牵扯而造成乳管系统缩短，引起乳头凹陷。有的乳腺癌病人乳房会出现溢乳，腋下有肿块。女孩们不妨在每次洗澡的时候做一下自检，更多地了解自己的身体，减少乳房的哀愁。

◎自检

月经来前一周，乳房变得敏感，充血或者有饱胀感。有的女孩触摸能摸到颗粒或者结节。这些症状会持续到月经来潮或者月经过后几天才逐渐消失。在做乳房自检的时候，我们要避开这些敏感期。不要在月经来潮前一周或者月经刚完就做。最好在月经干净一周后做，这个时候乳房比较柔软，容易和乳房的肿块区分开。

◎观色与形

乳房局部肌肤色泽是否正常，乳头的颜色有没有加重。双乳是否对称，有没有凹陷或者凸起，倾压有没有溢乳现象，腋下有没有淋巴肿大肿块。

◎触感

躺下左臂抬起放在头顶上方，右手触摸左乳房。手指轻按，顺时针或者逆时针由外到里检查。不要把乳房捏抓起来，这样反而会把正常的腺体当作肿块。检查完右乳再如法炮制检查左乳房。

女孩们对身体的呵护从美容，美背，塑身，养肝，护肾到静心，基本上每个脏器都得到了一定的重视。但是对乳房这个特殊的器官，却更多的是要求。我们涂抹丰胸霜，要求她丰满；我们吃野葛根，要求她挺拔；我们给她擦保湿乳液，要求白皙，柔滑。可是，我们忘记了无论胖瘦我们首先是要呵护它。乳房从来没有向我们强求什么，她默默奉献着，为我们挣足了面子。我们一定要多吃酸奶和海带保护乳房，远离烧烤的诱惑。保持舒畅的心情，每天最好能开心笑一笑，对乳房最有好处。驱散乳房的哀愁，还要靠女孩们对她更加重视减少强求。

教主美贴 胸部不够丰满的女孩，常常会听一些小广告吹嘘的效果：一个月增大一个罩杯，7天立即有丰挺感等等。对于乳房组织来说，这几乎是完全不可能的。乳房的发育依靠激素的正常分泌，假如身体急速分泌失调，即使擦再多的丰胸剂也达不到效果。这样的丰胸方法不是在美丽乳房，而是在折磨乳房。我们的胸部很脆弱，世界上70%的女人有乳腺问题，而丰胸的前提是：你的胸部是完全能接受。很多患有乳腺疾病的女孩，在轻度的时候涂抹了一些丰胸剂，结果乳房并没有丰挺起来，反而诱发了乳腺增生。使乳房丰满最好的办法是饮食和运动。饮食上可以多吃些木瓜之类的丰胸食品，对人体完全没有危害。而运动也是每位女孩都适合做的，运动不能使更多的脂肪积累下来，但是你能够通过锻炼，拥有挺拔的胸部。胸部的造型基本上就依靠乳腺上方的肌肉，如果这里的肌肉少了，或者松弛下来，那么乳房就会下垂。所以我们可以配合饮食来进行锻炼，达到胸部丰满的目的。

腰痛，你不知道的秘密

站久了会腰痛，坐久了也腰痛。而现代人腰痛能与流感匹敌，不分年龄大小，腰痛“适合”所有的人。这个腰痛人群是怎么出现的呢？其实腰痛只是身体的一种信号，单纯的腰痛是不存在的。引起腰痛的原因很多，我们最常见的有：腰部扭伤而发生腰痛，脊髓和脊椎神经疾患所引起疼痛，妇科疾病导致腰痛。腰痛的人发现天气冷的时候，腰痛得会厉害一些，症状比平时严重。当你在比较冰冷的地方或者天气变冷，腰背部会发生血管收缩、缺血、淤血血液循环方面的问题，使人感到腰痛。所以，腰痛的人平时尽量不要感冒，不能冲冷水澡，冬天注意保暖。有些人喜欢留恋在麻将桌上，有的人会通宵玩网游，有的人迷恋成人游戏厅。长时间坐着，椎间盘和棘间韧带长时间处于僵直状态，气血会在腰部凝滞，出现气滞血瘀，影响下肢的血液循环。无论娱乐方式怎样，最好不要沉湎进去。人体有一定的承受极限，超过了这个压力，腰痛就出现了。

很多人把腰痛归罪于穿高跟鞋，是有一定道理的。因为所有人都知道穿高跟鞋是一件累人的活。高跟鞋低则4CM，高则12CM，鞋跟的高度提高了人体的重心，我们为了保持平衡肌肉会自觉做出调整，使人体重心保持平衡。据研究，当人穿上高跟鞋，骨盆也相应前倾，人体的重力线通过骨盆后方，使腰部为支撑体重而增加负担。所以每天当你脱掉高跟鞋的时候，会感觉腿和腰部都轻松了许多。但是穿高跟鞋并不是腰痛产生的致因，只是增加腰痛的因素而已。为了防止腰痛，我们每周最好只穿两天高跟鞋，其他时间穿平底些让足弓和腰部都得到休息。

腰痛最好的办法是在不痛期间，加强锻炼，使腰部的损伤得到一定的修复。同时，热敷也不失为一个好办法。腰痛的时候热敷，大多能缓解疼痛。热敷能够通过增加局部血液循环速度，减少血瘀的发生。锻炼腰部是缓解和修复腰部的最好办法。

假如你有散步的习惯，就能看到晨练或者黄昏，有些人向后退着走路。他们大多挺胸抬头，双臂配合退步的动作摆动。退着走路的时候人的腰部肌肉会感觉有些酸痛。这种酸痛感就是因为长期坐着，血液循环不好，韧带的强度不够造成的。经常退着走路，能促进腰部血液循环，加强腰椎的稳定性和灵活性。退着走腰部承受着一定的压力，肌肉有节奏地收缩再放松，就如同给腰部做了按摩。这种活动简单易学，能坚持较长的时间。最好能早晚各锻炼一次，锻炼时间不要超过20分钟。强度可以从慢到快，然后在从快到慢停下来。退着走锻炼腰最忌讳在不平坦的地方，这样容易造成腰部受力不均匀，影响锻炼效果。

而一些妇科疾病也会导致腰痛，如子宫炎、附件炎、子宫后倾、子宫脱垂、盆腔肿瘤等。患有这些疾病的妇女，常会有下腰痛症状，这些疾病一定要去医院治疗，它们与普通意义上的劳累导致的腰痛有着本质的区别。

教主美贴

在一些宴会上，舞会上，随处可以看到叼着香烟，优雅吞云吐雾的女孩。这样看起来似乎非常时尚，吸烟对她们来说，更能体现身份。然而，吸烟对人体有害，有些女孩发现经期不规律，有的女孩发现自己的腰部背部都有酸痛感。咳嗽是引起椎间盘内压及椎管内压增高之故，将动物注以尼古丁，可减低椎体血容量，从而影响椎间盘的营养，使椎间盘容易发生退变。然而，她们不会把这些不舒适的反应和吸烟挂上钩。当猛吸一口，拼命咳嗽的时候，腰背隐隐作痛才发现自己“中毒太深”。吸烟的人患肺癌的比率比不吸烟的人高出20倍，肺癌如果转移到椎体上，腰背痛就会更加明显了。虽然抽烟不分性别，但是建议女人不要抽烟。

口气——别让不快击中你

当你轻启唇角，对着别人的耳朵说悄悄话的时候，当你和要好的朋友交谈的时候，特别是当你与男友亲密的时刻，你是否担心过口腔里的“不雅”气息，带给你尴尬的感觉呢？有的女孩能呵气如兰，有的女孩却不敢张嘴。其实造成这种“不雅”气息的主要是内因。

正常的口气是没有什么味道的，所谓的呵气如兰，不过是说呵出来的气息不使人反感而已，真正能呵气如兰的女孩是不存在的，除非口中含有香甜的食品。怎样知道我们的口气是否属于正常范围呢？

我们可以用手挡在鼻子和嘴巴前面，轻轻呵气吹手心，当你闻到气味比较臭的时候，肯定会皱起眉头。造成这种情况的原因是你的胃火气比较大，喜欢吃油腻辛辣的食物造成的。可能还经常出现心烦易怒、头晕头痛的现象。如果呼出来的气息感觉有些腥臭，这种口气大多是由于肺热痰多造成的，有腥臭口气的女孩一般容易感到胸闷，咳嗽的时候会产生黄色痰液。还有的女孩呼出来的气息非常酸臭，这种情况大多是由于吃进去的食物，淤积在肠胃里消化不好造成的。

大多数女孩知道自己有“不雅”的口气，会想方设法治疗。有一个得了胃病的女孩，到好几家大医院看病，医生让她要按时吃药，少吃辛辣食物，寒凉食物。但是三年还是没有完全好转，胃痛总是一段时间好一段时间犯，让她苦恼不堪。尤其是饿的时候，刚吃两口就有酸水往上泛。平时只要张嘴就能闻到酸臭的口气，所以她干脆很少开口。很多得了胃病的女孩都有这个毛病，想要消灭口气，得下功夫把胃病养好才行。

那些没有胃病但是口气也不“如兰”的女孩，是怎么回事呢？一些女孩早晨不吃早饭，不爱喝水，唾液分泌比较少，口腔大部分时间是干燥的。口腔里有大量的专门食用食物残渣和坏死组织的细菌，它们在食用过程中分解出难闻的气体。如果没有足够的水分和氧气，这些气体残留在口腔里很难消失。

口腔气味不好跟我们平时的饮食习惯有很大关系，爱吃葱和蒜的女孩都知道，葱、蒜的气味最容易留在空腔里。当你觉得很难闻，刷牙后也仅仅能够缓解，却不能完全清除这种气味。所以外出时间尽量少吃含有葱蒜的食物。少吃熏制的食物，熏制的食物不好消化，停留在肠胃里的时间较长，容易产生气味。

为了避免难闻气味的形成，我们要餐后刷牙。刷牙能立即消除异味，最好能用有舌刷的牙刷刷一些舌头表面。舌头表面的小突起下面藏着许多细菌，它们也能引起异味的产生，这样清理口腔的方法才比较彻底。如果午餐后你不方便刷牙，我们可以养成饭后漱口的习惯。漱口只能带走口腔里比较大的杂质，但是对那些细碎的食物残渣和细菌的作用并不大。

我们最好的办法是随身带点口香糖或者带瓶水，大量饮水能够缓解这种气味的产生。习惯饮水后，口腔总是比较清洁，产生异味的可能性减少了，我们就不再有口腔异味烦恼了。

教主美贴　不管是因为胃上火，导致面红和经常口渴产生的口臭，还是因为食物在胃里消化不好，积压太久，发生不雅的口气，都会对我们的交往，我们的自信产生一定的负面影响。女人口臭自身容易出现自卑，自闭的情绪。其实除了采用药品治疗以外，最好自己能够注意饮食。改变口臭不是一天两天就能完成的，所以心理上没有必要太紧张。我们可以通过对生活方式的改进，来一点点调理达到这个效果。当然，假如你需要赴约，或者与朋友交谈，一定要常备口香糖。养成习惯在见面之前就吃一颗口香糖，改善一下口气。在交谈过程中喝一些咖啡，奶茶之类的饮品，能帮助你掩饰尴尬。一时半会改变不了口臭的现实，我们只有通过注意这些小细节来保持形象。

从此不与黑眼圈并存

无论东方女人还是西方女人，眼睛的美丽对于女人来说只有一个版本：大眼睛要迷人而传神。但是我们都知道，眼睛周围的肌肤厚度仅仅相当于面部肌肤厚度的1/6。这里缺水会长皱纹，太阳晒爱长色斑，喝多了水会出现眼袋，睡得不好会产生黑眼圈。无论你的造美技术有多么高，想对付眼睛问题，也要做好长期奋斗的准备。

并不是所有没有睡好的女孩都会长黑眼圈，黑眼圈的产生因素很多：

◎疲劳

我们对疲劳导致的黑眼圈最熟悉，当人缺乏休息，眼睛周围的血管会膨胀压迫神经，因为眼睛周围的肌肤很薄，压迫所产生的青黑色就会透露出来，形成一圈黑眼圈。同时，如果眼睛周围缺水，细胞很干扁，特别在夏季如果受到紫外线的照射后，这种黑眼圈就不容易祛除了。

严重的时候，血管受到压膨胀发生破裂，渗出的血液会积累在眼睛周围的肌肤里，形成乌黑的眼圈。

消除方式

冷敷法

用保鲜纸包两三块冰粒，先把手绢浸湿折叠成3至4厘米宽的条放在眼皮上，然后把冰块放在手绢上。等10分钟冰粒基本融化了，黑眼圈的状况也得到了缓解。

◎经期色素沉淀

当女孩们处在经期，身体内的荷尔蒙变化很大，经常发生色素沉淀的现象。而且，有这类问题的女孩会发现，随着年龄的增长，这种色素沉淀的想象会更加严重。在经期如果女孩的情绪波动很厉害，坏情绪使经期睡眠不好，会加重眼睛周围色素的沉淀。

消除方式

按摩法

经期入睡前可以喝一杯牛奶，睡前一定要擦眼霜。不要用太油的眼霜，肌肤很难吸收太油的眼霜，会使眼睛周围产生油脂粒堆积。我们可以选择比较清爽的眼霜，睡觉前涂抹上，早晨起来如果有黑眼圈，先用温水洗脸，然后轻轻按摩眼睛周围，促进眼睛周边肌肤的血液循环，能有效缓解黑眼圈。

经期入睡前可以喝一杯牛奶，睡前一定要擦眼霜。不要用太油的眼霜，肌肤很难吸收太油的眼霜，会使眼睛周围产生油脂粒堆积。我们可以选择比较清爽的眼霜，睡觉前涂抹上，早晨起来如果有黑眼圈，先用温水洗脸，然后轻轻按摩眼睛周围，促进眼睛周边肌肤的血液循环，能有效缓解黑眼圈。

◎营养缺乏

这种现象经常出现在减肥期的女孩身上，当女孩节食减肥时，摄取的食物营养不均衡，导致脸色很苍白，身体血液循环不好，表现在眼睛周围就形成了黑眼圈。

消除方式

补充胶原蛋白

眼睛的肌肤很薄，但是吸收能力比较好。为了避免眼睛周围肌肤因为缺乏营养而造成细胞干扁，我们可以采用含有胶原蛋白的眼贴，2天帖敷一次。

补充维生素E

将维生素E胶囊剪开，把维生素E液体涂在眼睛下面的肌肤上，轻轻按摩吸收，能补充营养又缓解眼睛周围肌肤衰老。

黑眼圈出现以后，消除它会花费你一定的时间，女孩不如们从预防做起。

防止黑眼圈出现首先要保证每天充足的睡眠，尽量靠身体右侧睡，不要压迫心脏。平时少吃零食和刺激性太大的食物，不要因为崇尚美食就什么生鲜都敢尝试。抽烟的女孩一定要戒烟。保证每周吃3次综合维生素片，不要经常化妆。

教主美贴

有的人一生都受到黑眼圈的困扰，有的人却从来没有黑眼圈。这种不公平究竟是天生的还是后天出现的呢？我们知道眼睛周围的肌肤是全身最薄的，年龄增长、表情变化，外来刺激等因素都会影响到眼部的肌肤。改变黑眼圈的方法很多，我们要根据黑眼圈的形成原因，来选择相应的方法和眼霜来解决：

有咖啡色黑眼圈的人，大多是因为眼周色素沉着或肌肤黯沉导致的。平时最好少吃辛辣食物，一定要擦防晒霜；而青色黑眼圈的人，大多是因为眼睛周围的血液循环不好，在一些地方淤积造成的。可以在擦眼霜的时候，按摩一下，并不难缓解；而眼睛浮肿眼袋松弛，黑眼圈就非常明显，人显得比较衰老。这种黑眼圈就需要注意体内是否毒素过多，用一些去眼袋的产品。

不让眼袋反反复复出现

你喜欢用天然DIY的方法消除眼袋，还是经常尝试那些能消除眼袋的高档化妆品？无论怎么修饰，假如有几天你疏于保养，久违的眼袋就会重新回到脸上。

◎甘菊

东方女人由于肌肤比较细腻，眼袋出现后反而很明显。很多人认为，眼袋是女人衰老疲惫的标志。国外很多女孩喜欢用甘菊消除眼袋，甘菊有一定的消肿和清火的作用。用甘菊消除眼袋的原理很简单，就是要促进眼睛周围的血管收缩，使毛孔收缩而消除眼袋。这个方法的使用者都称效果显著，我们不妨自己体验一下。

◎玫瑰

玫瑰是女人美容的必备品，用玫瑰子研成细末，用温水调好。先将眼袋清洗一下，用温热的水敷眼睛2至3分钟，使眼睛周围血液循环加快，然后将玫瑰子眼膜敷在眼袋处，每天敷20分钟。效果非常好，是一款女孩们喜欢的自制眼膜。

◎快捷方法——神奇的土豆

土豆是人们最常见的食物了，但是你知道吗，土豆还是去眼袋的好帮手，又能美白肌肤。土豆里含有茶酚酶，很多美白产品都添加了它。茶酚酶还有祛斑的作用，如果你的眼袋周围还有色斑，可以一起消灭它们哦。

把新鲜的土豆按照半圆切成薄薄的片，贴敷在眼袋周围还有色斑区域。每次20分钟，效果也很不错！注意已经长芽发青的土豆不能用，长芽的土豆含有的毒素会让你的肌肤过敏。

◎木瓜

想要根除眼袋并不是件容易的事情，也许你试验了很多方法，但是收效都不算好。那么你可以尝试一下木瓜和薄荷去眼袋。

用热水冲泡木瓜和薄荷，形成比较浓的木瓜薄荷茶，在眼睛疲劳的时候，涂抹在眼睛下面的肌肤上，你会感到清凉舒适。这款去眼袋的方法受到很多眼袋比较大，眼袋时间比较长的女孩青睐。主要因为这个方法制作起来非常方便，而且可以制作的量大一些，平时放在冰箱里保存。每天洗脸后就可以使用，携带也很方便。

◎看看专家如何祛除眼袋

眼部浮肿是眼袋出现的信号，如果女孩不充分重视，尽快消除浮肿眼袋就会逐渐形成，再想消除它就越来越难了。为了消除浮肿，除了晚上睡前不要多喝水以外，一个简单的按摩方法能够帮助你消除浮肿。用双手的无名指的指腹沿着眼眶的骨头轻轻按压，每个地方大约停留3秒。以整个眼眶为圆圈，来回按压5遍。等放松后你会发现，整个眼睛周围有点发红，血液的循环很快，肌肉比较紧张。做按摩的最佳时间是每天早晨起床时和睡前做。

当眼袋还是无可救药地形成了，我们就给眼袋来个瑜伽。面部也能做瑜伽，著名的面部瑜伽专家卡特里娜·莱普卡，建议有眼袋的女孩做一下面部瑜伽来消除眼袋。你可以用双手的食指和中指，分别放在眼睛下面2.5厘米的地方，轻轻地按压。按压的过程中配合呼吸，双眼眼球尽量转向两眼中间的位置，保持10分钟。

睡前按照面部瑜伽专家卡特里娜·莱普卡的建议，按压后再入睡，坚持1个月都会有一定程度的好转。击退眼部浮肿，消除眼袋，贵在坚持。

教主美贴

眼袋出现会使人显得老，而对于女人来说，出现了眼袋，如果比较严重，想去除就比较困难。我们可以用盐水做一下热敷。用药棉蘸温热的盐水热敷在眼袋上。每天做3次，较轻的眼袋会逐渐缩小以至消失。大多数年轻女人一旦出现眼袋，一定会非常烦恼，因为我们现在采用的去眼袋的方法，也仅仅是能够缓解眼袋的烦恼而已，眼袋并不能完全去除。即使使用了许多化妆品，增加按摩都不能使眼袋恢复到最初的状态。所以，我们得在平时就要做好预防。面部的器官像眼袋这样发生了器质性的变化，一般是不可逆转的。过了更年期出现眼袋，基本上是正常现象，不需要过分担忧。对于年轻女人来说，熬夜是形成眼袋一个重要原因。为了避免眼袋形成，还要注意改善生活习惯。

第4章 超龄的童颜美肌塑造法

1 肌肤表皮

保持肌肤的水油平衡

爱美的女人都知道，好肌肤是养出来的。有的女孩即使五官不是非常漂亮，但是拥有健康光感的肌肤，也能令人注目。那些拥有亮白肌肤的广告代言人，一时间成了美女们竞相模仿的典范。像金喜善这样的大美女，她完美的脸型和嫩白的肌肤是每个女人都渴望拥有的。

可以说肌肤是人体器官中最容易老化的部分了，而女人的肌肤又比男人的肌肤薄，难怪女人都爱化妆保养呢，谁让老天总是和女人过不去呢！好肌肤都是水油平衡的，水油不平衡的肌肤有的甚至能从表面上看出来。在街上碰到一位漂亮女孩，不禁多看了几眼，不看也没什么，一看才发现她脸上都是痘痘。哪个美女能忍受漂亮的脸蛋上长几个“地雷”呢？她就是典型的油性肌肤。她感觉到了我惋惜的目光，也报以淡淡的无奈。想必大多数有“痘”美女都已经想尽一切办法驱赶令人讨厌的痘痘，与痘疤进行着不屈不挠的斗争。

我们用PH值来表示肌肤的酸碱度，最理想的肌肤PH值应该在5至5.5之间。油性肌肤的PH值较小，容易长痘痘；而PH值越大，肌肤就越趋向干性，越容易老化长皱纹。你的肌肤是什么状况呢？想要肌肤好，一定要保持水油平衡，美女们要想办法向中性肌肤努力哦。女孩们都有不少化妆品，有些女孩还是化妆高手，不过，昂贵的化妆品不见得能帮你解决所有问题哦，单靠某种化妆品无法改善肌肤PH值。我们还是从肌肤水油失衡的根源上找找答案吧：

1. 喜欢PARTY和聚会的女孩乐于吃那些香酥爽口的食物，再来点很有情调的红酒，口味极佳，心情自然舒畅无比。这些食物大多是膨化食品，口感虽好，但是对肌肤的伤害也很大。办公室女孩都是脑力劳动，所以会经常喝咖啡，吃点小点心或者巧克力提神。而且大多比较挑食，晚餐不肯多吃，就吃点鱼虾之类的。鱼虾富含维生素E，能修护肌肤受损细胞。有的女孩甚至相信广告，一周最少吃2至3次鱼，期望自己变成美人鱼吧？

好肌肤的背后都有着涵养它的源泉。在食品的味觉上太挑食的女孩会因为营养摄取不均衡，而导致身体酸碱度失去平衡，身体出现病变。表现在肌肤上也是如此，肌肤酸碱度失衡，酸度增高后肌肤的血液循环会减慢，新陈代谢能力也越来越差，这个时候，你会发现肌肤变得粗糙，失去弹性，有的女孩还会出现色斑。发现这类问题时，千万不要用力去按摩面部，这样不仅不能帮助肌肤活血，反而会把肌肤拉松。其实，我们完全可以从饮食方面来改善肤质的，多吃碱性食物，比如：牛奶，蔬菜，蘑菇，红薯，大豆等等；尽量少摄取酸性食物，如：鱼类，肉类，酒类，糖类，咖啡和油炸食品等等。久了，肌肤就会逐渐走进健康的PH值范围。

2. 几乎女孩们都有过熬夜上网的经历。很多女孩都是不肯放弃卖座上亿的大片的。我认识的一位年轻女孩居然能一口气看完《大长今》，为自己喜爱的电影喝彩花费整个晚上的休息时间是常有的事情。更多的女孩却是热衷网聊和游戏。要提醒一下：熬夜对肌肤绝对不好！水分营养会大量流失，熬夜可谓是漂亮的克星。而那些一天工作8个小时的女孩，老是面对着电脑，面部血液循环也不好。很多女孩都是上班了就不爱动，如果不去洗手间的话会一坐就是4个小时。想想就觉得可怕，一天8个小时下来，身体各个部分都有点冷和僵硬的感觉，面部肌肤就更不用说了。面部肌肤水分虽然最容易流失，只要我们每天早晨坚持拍水，上班时间喝够八杯水，肌肤的干燥问题还是可以解决的。

也有很多女孩认为自己年轻，对肌肤出现的问题都“不闻不问”。人体本身具有调节功能，但这种调节毕竟也是有限的，当问题积累到了一定的度，还是会爆发出来，表现出来的，我们要从根源上解决它。肌肤的水油平衡，也会帮你避免许多肌肤病的出现呢。

我们要有好肌肤，一定要下决心赶走那些影响漂亮的坏东东才行。除了要多吃碱性食物，下面这款国际最流行的DIY面膜，帮助你平衡油脂，又能将丝质肌肤锻造得更加完美:

将一个新鲜熟透的西红柿捣烂成浆，加入蜂蜜和牛奶，均匀搅拌成糊状。然后放在冰箱里冷藏15分钟。拿出来涂抹在刚洗完的脸上，可以在肌肤爱出油的T字型区域涂厚一些。如果备有面膜纸，可以贴敷一张在上面，使面膜更容易被吸收。贴敷10分钟后，轻轻按摩5分钟。待面膜揭开后用温水清洗，清洗完你会发现肌肤清泽舒适。

这款面膜有平衡油脂的作用，同时又能美白肌肤，是女孩们经验的总结。

教主美贴

如何判断你的肤质?

1. 用洗面奶洗脸后，肌肤紧绷时间在20分钟以内的，大多数属于油性肌肤。
2. 洁面后，肌肤的紧绷感在30分钟后消失的，基本可以判定是中性肌肤。
3. 超过40分钟面部紧绷感才能得到缓解的，大多属于干性肌肤。

地心引力与胶原蛋白

女人无论处于盛放的青春期，还是在风姿绰约的中年，衰老——是所有女人都最渴望攻克的尖端课题。衰老是不可抗拒的自然规律，当脸颊，鼻子，眼睛周边，下巴的肌肤出现下垂，人就会显得衰老。人类从出生开始，肌肤，骨骼，肌肉就在和地球引力相抗衡。女人在25岁之前，肌肤里的弹性纤维和胶原蛋白纤维，完全能够迅速地将这种轻微的下垂平复。25岁以后，肌肤的弹性纤维和胶原蛋白含量逐渐减少，到40岁的时候，肌肤的胶原蛋白含量只相当于25岁女人的1/3。随着年龄的增长，肌肤下垂加速，衰老就不可避免地出现了。

地心引力的作用是我们无法改变的，但是我们可以通过锻炼来延缓衰老，给肌肤补充胶原蛋白使肌肤恢复光泽和活力。

国际最流行的女人养颜塑身的锻炼方式是瑜伽，在如今在韩国几乎所有的女人都对瑜伽情有独钟。瑜伽之所以备受青睐，主要因为这种锻炼方式受时间和地点的限制比较小，效果却非常好。我们可以通过瑜伽锻炼增加血液循环，给肌肤注入充足的氧气，保持肌肤的弹性。介绍几种给美容效果极佳的方法：

◎完全呼吸法

清晨开窗时做一次深呼吸，能够让头脑清醒。那么瑜伽的完全呼吸法则能够让你最大限度地将氧气提供给身体的各个器官。盘腿坐直，将一只手放在腹部，另一只手放在肋骨处。慢慢吸气，先呼满腹部。当腹部逐渐鼓起，空气先充满肺的下半部，再充满肺的上半部。肺被空气充满后，已经达到了饱和状态，再慢慢地呼气。先呼出肺的下半部空气，再呼出肺的上半部空气，最后收紧腹肌，此时空气被呼出。反复练习半小时，神清目爽。面部肌肤因为得到了充足的氧气，会显得年轻许多。

◎手掌热敷按摩法

双手手掌摩擦产生热量，将两手除拇指以外的四个手指分别放在嘴角两侧，指尖平齐，顺面颊上下按摩。要配合呼吸：双手上行时吸气，下行时呼气。力度适中，按摩至面部有轻微的热感即可。

为了祛除面部眼角的小皱纹，可以同时用双手食指，中指和无名指来按压两侧眼角。每次按压不超过5秒。配合呼吸，按压时呼气，放开时吸气。按压强度可以根据个人情况来做，不超过10次。

除了积极的锻炼以外，还要给肌肤“吃”好，肌肤才能光彩照人。胶原蛋白其实就是骨胶质，一种丝状的蛋白质，它的功能就是保持肌肤的弹性。胶原蛋白可以外贴敷也可以内服，是目前最方便，效果非常理想的美容佳品。女孩们根据自身需求选择增加胶原蛋白的方式：

教主美贴

胶原蛋白的面贴

面贴是女孩们化妆柜中不可或缺的帮手。当肌肤出现干纹细纹等情况时，用一款温和营养丰富的胶原蛋白面膜，只需15分钟，揭开后，面部的细纹和干纹都会得到步同程度的缓解，“使用胶原蛋白面贴能瞬间淡化皱纹，恢复青春风采”的广告并非空穴来风。目前市场上的胶原蛋白取自人胎盘，适用于所有年龄的女人，使用方便，吸收好，效果立竿见影。但是任何面膜都有依赖性，需要长期使用方能收到好的成效。

可怕的天生丽质更易衰老

天生丽质这个词用来形容中国的杨贵妃的确是最恰当的，那雪白的肌肤，倾城倾国的容颜，使得一代帝王爱美人胜过江山。大多数天生丽质的女孩，都自我感觉良好，很多人甚至信奉：自然美才是真的美，养出来化出来的美人不是真美人。

20岁时享誉首尔大学的漂亮女人，因为一贯素面朝天，不到40岁已经细纹满面，等到发现问题时，凭她怎么努力，肌肤也恢复不到当初肌如凝脂水润的状态了。

我们的肌肤原本就很娇嫩，再加上每天遭受空气的污染，毒素的侵蚀，紫外线的挑战，不给肌肤充足的水分和营养，再好的肌肤都会如花一般凋萎。天生丽质的人本来在起跑线上遥遥领先，最后却不如普通女孩，女孩们一定要注意啊。

在人群中，中性肌肤的人肤质最好。这种肤质看起来平滑细腻，油脂分泌适度。ALISE作为一个韩国歌手，甜美的歌声给人美的享受。

深夜到回家，她随意地用清水冲洗一下面部就休息了。ALISE特别喜爱彩妆，每天都会精心打扮自己的妆容。中性肌肤的妆容不容易卸掉，ALISE的彩妆没有被清除干净就睡觉，这样就造成粉底堵塞毛孔。残妆隔夜后变得干燥，对肌肤持续产生刺激，日子长了，ALISE就感到面部肌肤瘙痒。在冬季瘙痒的症状更加明显，有时候会脱皮起干屑，ALISE认为这是由于季节原因，肌肤新陈代谢正常的规律。为了改善这种状况，让肌肤恢复光滑细嫩的感觉，ALISE给肌肤做了去角质。去完角质后，肌肤看起来有些发红。之后的感觉却是更加干燥，肌肤看起来比以前粗糙，光泽度也没有从前好了ALISE不敢再去角质了。面对这种情况，ALISE认为是自己的防晒工作做得不好，积极做了防晒，肌肤依然还是很干燥。早晨起来，发现面部油腻腻的，这让她非常迷惑，曾经的中性肌肤为何变成了混合肤质？

其实中性肌肤的保养比其他肤质容易，只要早晨用洗面奶清洁以后，用紧肤水拍拍脸擦些乳液，再擦些防晒霜就可以了，素面朝天并不等于将紧肤水和乳霜的步骤也省略掉了。因为如果没有紧肤水，肌肤洗完后毛孔张开，容易被灰尘堵塞。如果不做任何防晒措施，再美的容颜也经不起太阳的“烤”验。中性肌肤最适合化妆，肌肤平滑细腻不干燥，上妆容易，妆容也持久。只是卸妆上要花点功夫。喜欢彩妆的女孩，晚上一定要卸装，不能像ALISE那样，以为自己年轻，肌肤好，就不把卸装当作一回事。肌肤的问题大多都出自这样不经决的小事。中性肌肤卸妆时间不要过长，时间太长肌肤会因为失水而变得比较干燥。卸妆后不要直接入睡，因为睡前是给肌肤补充养分的好机会，千万别错过。卸妆后给肌肤擦上滋润的乳液，肌肤有足够的水分，恢复起来速度会比较快。

肤质不是一成不变的，干性肌肤得到好的保养，也可能转化成中性肌肤。而中性肌肤得不到好的保养，可能变成最糟糕的混合型肤质。肌肤是女人魅力的容器，肤质好精美的五官才能得到好的衬托。

我们常常因为繁忙抽不出太多精力去细心呵护娇嫩的肌肤，等到发现有问题时已经悔之晚矣，不如像美容专家金斟蓉那样为自己制定一个美丽计划。我们可以科学地根据自己的需求， 把一周的美容功课分成几步来做，周一为肌肤排毒，周三为肌肤补充水分，周五祛除皱纹。这样周而复始，即使你并不擅长肌肤美容，只要按部就班地去做，都能收到好的效果。

教主美贴

如何让美丽更加持久？

早晨起床后，先别急着吃早餐，空腹喝一杯柠檬茶，能给身体补充水分，同时，柠檬还具有排毒功效，帮助你排除身体的毒素。柠檬中维生素C的含量比较高，能美白肌肤。每天要喝够八杯水，让肌肤始终被水源所滋润。这对干性肌肤的人尤其有好处，干性肌肤除了表皮缺水，身体水分供给也不够充。干性肌肤容易老化，所以，如果你是干性肌肤天生丽质的女孩，一定要坚持给肌肤保湿，为肌肤喝水。

把握好美丽双期——经期，肌肤过渡期

经期问题困扰着现代女人，有经期身体的抵抗力下降，体内的雌性激素和黄体素都处于最低水平。大多数女孩在经期都会出现痛经，情绪低落的症状。但凡心情不好的时候，人的容貌都会显得不精神。在心理和生理的双重压力下，肌肤会显得比较粗糙，晦暗。调节情绪是一个好办法，放松紧张的情绪，不要扰乱肾上腺激素和性激素分泌。大多数女人在经期到来前就有焦躁不安的情绪，这个时候最需要好好调整和保养。防止烦躁不安的情绪变成每次经期的必修课，影响肌肤的质量。经期肌肤处于低潮期，可以从经期前一周开始调整。

一位在IBM供职的年轻女孩，经期前几天总是心情不好。这个时候，很可能表现为：非常看不惯男友爱吃沙拉；突然对一个朋友问候的电话感到极其烦恼；对以前发生过的小事感到十分难过等等。假如此时男友因为什么事多说几句，她就会感到十分生气。很多女孩都有经期前与男友拌嘴的经历，大多都是些微乎其微又无伤大雅的小事，等情绪恢复正常，很多女孩都觉得自己不可理喻，自嘲小心眼。也有很多女孩试过，每次经期前出现烦躁的情绪时，要给自己一个心理暗示：这是很正常的。因为她们知道，经期前特殊的烦躁情绪，容易把小事当作大事。

缓解经期焦躁还有个好办法：把节奏放慢半拍。把节奏放慢半拍，我们有充足的时间和空间去思考如何对待面前的事情，摆正自己的心态。好的心态是经期养颜的关键。每次经期都调整好情绪，让不快乐的特殊时期变成舒畅的特殊时期，容颜在特殊时期也能得到涵养。

经期过后一到两周内，雌激素的分泌逐渐恢复正常，这个时期是肌肤最好的阶段，在肌肤保养上最好选用平衡油脂分泌的精华素。

像经期一样，女人的肌肤有一个固定的过渡期。20岁左右，这个阶段是女人体内的激素接近平衡状态，肌肤此时也处于顶峰期。这个顶峰期不会持续太久，大多数女人在24至25岁，肌肤就进入了衰退期，出现老化现象。从顶峰期以后的近十年，是肌肤的过渡期。这个阶段是最关键的，我们来看看肌肤出现了哪些变化：

肌肤变得越来越薄

肌肤中弹性纤维开始减少

肌肤的血液循环越来越不好了

肌肤的新陈代谢开始减缓

以前好用的化妆品现在效果不再明显了

仔细看很容易看到额际的细纹，眼角的干纹

当肌肤出现这些问题，就是肌肤在为我们的美丽敲响了警钟，说明我们的肌肤已经进入了过渡期。这个时候经过好好保养肌肤的女孩与那些忽视肌肤保养的女孩，会产生巨大的差距。那些年过四十，风采依然的女人们，就是我们的好榜样。

我们可以从她们身上采点真经为我所用，例如改变饮食结构：

改变饮食结构

喝茶代替喝饮料。茶含有抗氧化物质，大麦茶能清火明目。一些女人爱喝花茶，如玫瑰花茶，有不错的美容功效。

不吃油炸食品。油炸食品含有有害物质，对肌肤产生刺激。

少吃肉多吃蔬菜水果。蔬菜水果富含维生素，是肌肤健康的好帮手。

尽量少吃冷饮。冷饮在夏季能给予我们暂时的凉爽，但是吃冷饮降温的办法，会对肠胃产生巨大的刺激，影响胃肠功能，尽量喝温水。

东方女人与西方女人的肌肤肤质差异很大，因此，要选择适合东方女人的化妆品。

补水套餐一定要有。东方女人肌肤毛孔小，角质层薄，不宜擦过于油腻的化妆品。化妆水最好选择无酒精的类型。含酒精的化妆水容易导致肌肤过敏。日常为了让肌肤能得到充足的水分，可以在手袋里备一小瓶化妆水，间隔4个小时喷一次。晚上卸妆后要着重为眼角和嘴角做保湿护理。

手是年龄的代言。进入过渡期，意味着双手不再像少女那样柔滑，如果不擦任何护肤品，肌肤裸露在太阳下，容易产生色斑。肌肤处于过渡期的女人有些已经结婚，要操持家务，每天和抹布，洗洁精打交道。这个时候，肌肤可能被灰尘污染，受到洗涤剂的侵蚀。如果不擦护手霜，手掌的肌肤很快就变得干燥，手背的肌肤逐渐不再白皙。护手霜的类型很多，最受欢迎的依然是凡士林和甘油的护手霜。如果你感到这些护手霜都太油腻，可以自制护手霜。用甘油和醋，按1:2 的比例调成护手霜，长期使用能让手上的肌肤保持细腻白皙。

乳液身体保养。大多数女孩都认为保养就是做面部和手部的护理，忽略了对身体肌肤的保养。身体犹如一棵大树，树根得到了好的营养，树枝才有春天。肌肤也是这样，我们经常看到金喜善光鲜的外表，年龄对她来说似乎不是问题。事实上明星拥有动人的外表并不是天生的。她们台上光鲜动人，在台下要花费更多的时间保养肌肤。除了面部的美容以外，身体的美容极其重要。一次快乐的花瓣浴能提高你的情绪，牛奶浴能让你心神放松，对肌肤是非常有好处的。如果在家里不方便做，我们可以使用浴盐，用浴盐轻轻摩擦肌肤，好好浸泡一下。洗浴本身就能够给肌肤补充水分和营养，但这是远远不够的。我们最好能在洗浴完给全身肌肤擦一层乳液。乳液不要太油腻，否则肌肤吸收不了反而会长小疙瘩。挑选乳液时我们可以试用一下，擦在肌肤上很快能被肌肤吸收的就好，也可以买带有美白效果的乳液。如果乳液擦在肌肤上立即就被吸收，但是肌肤依然有紧张感，说明乳液的补水效果没有达到你的需求。

教主美贴

女孩们大多有这样的经历：如果这次经期保养得好，下一次经期到来痛苦会减轻几分。在心理上不要将经期作为一次战斗，每次都打对抗赛。在过渡期同样如此，不要为新增的细纹痛心疾首，只要我们努力保持恬淡地心态去护理身心，就能延缓衰老。

美丽也是一个程度词，假如到达了一定的度，就会产生质的飞跃。而经期的保养不得利，经常在经期吃冷饮，行房事，那么一次次的伤害，你就会发现经期开始悄然改变，本来准时的经期开始推迟，原本温暖的肚腹开始感到寒凉，从未疼痛过的小腹感到下坠胀痛。这些问题积累到一定的度，妇科疾病就来敲门了。所以，其实从好到坏的转变只是几次经期就能看到，而从坏到好的改变，却需要花费很多力气，需要你下意识去改变。

激素化妆品是美丽罂粟

每个男人心目中都有一个完美的女人形象，有的清纯可爱如奥黛丽·赫本，有的性感动人如玛丽莲·梦露。无论哪种美感，都离不开雌激素的作用。雌激素除了能让女人保持婀娜的身姿，光洁的肌肤，还能使女人情绪愉悦，保持性欲，雌激素可谓主宰着女人的一生。如今，很多女人会选用雌激素化妆品来保持青春的容颜，也有很多女人为了减少更年期的折磨，会服用雌激素药物来缓解更年期症状。

然而激素并不是百利无害的。就拿美容化妆品来说，激素添加剂是国家禁止的。但是现在城市里的大小商场里，我们看到的那些琳琅满目的化妆品中，含有激素的不在少数。

时尚美女金怡宁曾经用过一款新上市的面霜，在这款叫做KITTLY的化妆品面市之前，金怡宁是从一个海报上了解到这款产品的。当时海报上提示，可以将海报的姓名地址栏剪下，然后填写好后邮寄给KITTLY总部，就能获得全套KITTLY赠品作为试用装。金怡宁非常动心，迅速填写好后邮寄出去了。没几天就收到了KITTLY寄来的试用装。虽然试用品包装盒非常小，但是很精致，有眼霜，乳液，隔离霜，精华素，洁面乳。包装盒上标明试用装是3个星期的使用量。

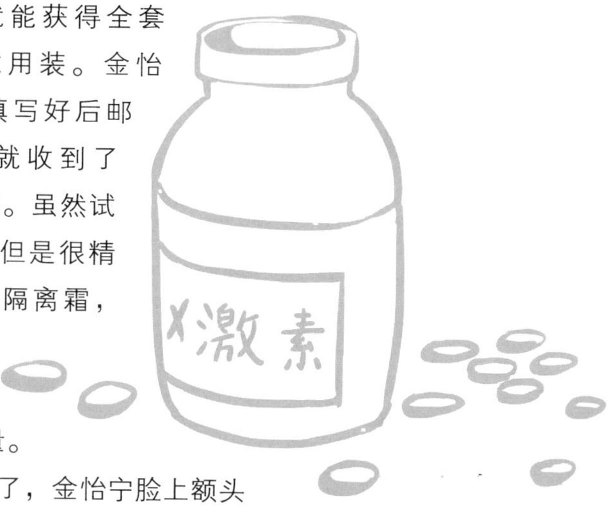

仅仅2个星期过去了，金怡宁脸上额头上的那几个小湿疹不见了，肌肤显得光洁动人，金怡宁暗自以为找到了最适合肌肤的化妆品，她深深爱上了KITTLY。不到3周金怡宁就用完了所有的试用装，她决定购买KITTLY上市的产品。就在等待KITTLY产品发货期间，金怡宁发现湿疹又出现了，而且肌肤变得暗淡无光，金怡宁百思不得其解。产品收到后，金怡宁的肌肤又恢复了光泽，而且用了一年后，她几乎不再为肌肤发愁了。

自信的她在一次旅行中忘记了带化妆品，她还能回忆起当时的情景。开始的两三天并没有什么感觉，只是面部肌肤出现了一些小小的疙瘩。后来，肌肤也厚起来，总有种洗不干净的感觉，而且肤色越来越不好了。又过了不到一周，面部的湿疹长满了额头，鼻梁和脸颊，早晨洗完脸后，还有点瘙痒。金怡宁意识到问题的严重性，旅途结束回来她就仔细翻看了KITTLY产品的介绍，没有发现异样。于是在网上咨询了KITTLY产品的其他使用者，才了解到，这款产品含有雌激素。在雌激素的作用下，使用者的肌肤都有变好的情况，而停用后，大多使用者都反映肌肤出现严重反弹，甚至比从前更差。金怡宁开始感到害怕，为了尽快恢复到从前的状态，金怡宁不得不又开始使用KITTLY产品。她非常矛盾。

短短一年多过去了，当金怡宁的化妆品用完后她只得再次邮购

KITTLY产品，却发现KITTLY产品倒闭了。万般惋惜后，金怡宁改用了大众品牌。没过多久，面部长满湿疹，而且瘙痒严重，有的地方红肿起来。她不得不去医院就诊。

有这种经历的女孩并不少，激素化妆品一旦停用，严重的肌肤问题又出现了，而且可能比原来的更加严重。这是肌肤问题严重反弹的结果，使用者如果依然没有意识到问题的严重性，继续使用下去，最后肌肤对激素的依赖性也越来越强。离不开激素化妆品的肌肤，其实已经逐渐丧失了自我调节的能力。

胎盘素是目前最受女人喜爱的抗衰老产品，主要以萃取牛羊胎盘为主。胎盘的活细胞素能够直接被人体吸收，增加细胞活力，使得细胞防御能力更加旺盛。这种胎盘素中，富含雌激素，有抗衰老功能，但是雌激素使用时间不能太长，量也不能太大。在妊娠期的女人最容易产生黄褐斑，也有许多女人是使用了避孕药后发现脸上起黄褐斑。黄褐斑的产生与雌激素的量有关。当体内雌激素达到一定的量时，色素就开始沉着形成黄褐斑。面部出现黄褐斑后，要注意暂停雌激素的使用或者减小用量。黄褐斑最容易在阳光的长时间照射下变深，难以消失。对于妊娠出现的黄褐斑，不要刻意去抑制它，避免长时间阳光照射，产后黄褐斑会逐渐消退。

现在全世界范围内乳腺疾病已经成为女人高发疾病之一，造成乳腺增生的原因很多，有冲任失调，激素水平紊乱等等。部分女人长期使用含有雌激素的面霜，是造成乳腺增生的原因之一。女人身体雌激素的分泌因人而异，经常使用激素化妆品，也会影响身体制造雌激素的能力，破坏我们身体的正常功能。

教主美贴

即使我们现在正使用着激素化妆品，也不一定及时发现。因为每个女人都看重那些擦上去就能改变肤色，肤质的东西。事实上安全的产品，基本上不可能出现这样的功效，只有那些功能产品，才能立即达到效果。这种立即出现的效果，你的肌肤会遭受更惨重的“回报”。当你离不开那些铅和汞甚至激素化妆品的时候，你的肌肤已经无可救药了。

如何辨别化妆品是否含有雌激素?

我们可以在购买前，先索要试用装。在试用三日内就能迅速起到美白及改善粗糙肤色，平复湿疹作用的面霜，一般都含有雌激素。普通护肤品只能起到滋润肌肤，补水等作用，不可能在短期内改变肌肤的特质。

卵巢保养与补血唤颜功效

卵巢是女人特有的性腺器官，两个卵巢分别位于子宫的上方两侧。卵巢虽小，但是却负着重大的使命。卵巢不仅能制造卵子，排出卵子，还能制造雌性激素。当女人年轻时，卵巢分泌雌性激素和孕激素的比例比较平衡，肌肤非常细腻光洁。随着年龄的增长，雌性激素的分泌减少，肤质会发生明显的改变。这是卵巢功能减弱的表现。

女人一般一生能够排出400至500个卵子，当停止排卵，女人就进入了绝经期。绝经期到来，雌激素分泌大幅减少，肌肤就会失去光泽，萎缩起来。这是人体正常的生理功能，没有任何方法可以让我们返老还童。但是我们可以加大对卵巢的爱护，减缓卵巢的功能的衰老速度。

女孩们对如何爱护卵巢大多并不在行，现在很多美容院推出的卵巢养护项目，事实上对延缓卵巢的衰老基本没有作用，卵巢保养并不能通过美容按摩，精油推拿实现。

每年都有许多女人在体检中发现卵巢功能紊乱，有的因为功能紊乱而诱发不孕。大多数卵巢功能紊乱的女孩都是因为肾气不足造成的。同时，肾气不足，血液循环不好，身体气血运行不畅，造成肤色苍白，暗淡或者浮肿。事实上在世界范围内，女人对肾虚这个问题，没有足够的重视。卵巢的保养更需要从补气养血下手。

女孩都希望自己的肤色白皙靓丽，而药品和化妆品的效果，不如食疗的效果好，我们可以通过饮食调节达到这个目的。

养气血，我们可以先给自己分分类，根据个体的需要进补 ，方有好的效果：

◎A类：肌肤粗糙

肌肤随着胶原蛋白的流失而显得粗燥，毛孔增大，表皮不再光滑。辣妹伊丽莎白，麦当娜等红透半边天的大美女，她们的肌肤也不能在放大镜下看。肌肤粗糙的女孩虽然五官动人，却常常会被人戴上“远看青山绿水，近看不敢恭维”的帽子，确实是件尴尬的事情。粗糙的肌肤不是生来就有的，大多数肌肤粗糙的女孩不爱喝水，喜欢吃零食，体内虚火很旺。要想从根本上改变这种尴尬的处境，美容专家为我们改善虚火旺盛，肌肤粗糙的状况提供了不错的参考意见：

第一位：海带　海带是世界公认女人养颜佳品，不但可以排毒还能保护乳房；

第二位：酸奶　酸奶除了养颜功不可没外，也对女人乳房的保护有巨大贡献；

第三位：海藻　目前世界运用最广泛的养颜佳品，富含维生素，矿物质，并具有一定的抗癌作用。

第四位：银杏　银杏叶有排毒抗衰老的作用。国际上许多化妆品都添加了银杏的成分；

第五位：海鲜　海鲜除了可口外，含有丰富的优质蛋白，常吃可以使肌肤细腻；

第六位：萝卜　萝卜能降火，帮助身体排毒。

◎B类：肌肤干燥

冬季和夏季肌肤最干燥，干燥的肌肤最敏感，容易出现划痕。干燥的肌肤也容易长皱纹，使人显得衰老。改善肌肤干燥的状况，一天除了保证喝八杯水以外，还要多吃滋阴补肾的食物：

第一位：动物皮　动物皮，如猪皮，鸡皮等食物拥有大量的胶原蛋白，能提供肌肤补充的养分；

第二位：胡萝卜　胡萝卜富含维生素，补充肌肤所需要的维生素；

第三位：龟肉很少有女孩喜欢吃龟肉，但是龟肉也是补充胶原蛋白的佳品；

除这些食物以外，肌肤干燥的人还应该注意养阴。养阴的食品有：菠萝，草莓，桂圆，百合等等。肌肤干燥的女孩们尤其要在滋阴上下大功夫。

◎C类：肌肤苍白

肌肤苍白的女孩大有人在，只是很多女孩都没有注意到，以为一味的白，就是自己原本的肤色。其实，好肌肤并不仅仅是“洁白如玉”，只有白里透红才是最好的肤色。月经期后几乎所有的女孩都有面色苍白的表现，所以事实上面色苍白主要是因为气血不足造成的。很多女孩面色苍白但不一定会头晕，出汗，都认为这是女人的正常表现，没有必要补充什么，担心什么。而且，每天的饮食也为我们提供了不少有助于补气血的食物。所以，很多女孩只有当自己感到头晕乏力，偶然照镜子又发现脸色苍白，才会意识到自己需要补血补气。

补气血的食物比较多，很多蛋白含量比较高的食物都能够起到补气血的作用：鸡鸭肉，牛奶，鸡蛋，黄鳝，墨鱼，香菇等等。西方人不吃动物内脏，其实动物内脏富含铁等物质，对补血是很有好处的。如果东方女孩没有忌口，完全可以在经期后补充一些。

另外，果肉比较红的水果，干果等都有很好的补血作用。像樱桃，红枣，是补血的佳品。

当气血充足，人的面色自然就红润起来。一些女孩会走进一味追求面色红润的误区：只追求使用化妆品或者饮料达到面色红润的效果，这是治标不治本的表现。现在面色健康红润，但是气血不足的女孩多起来了，这是舍本逐末的做法，必然不可能长久。

◎D类：肌肤晦暗

靓白和晦暗是一对天敌，不同的是靓白的肌肤没有好的保养措施，有可能变得晦暗，而晦暗的女孩保养得当，也可能转变成靓白的美女。对付晦暗肌肤，先要从肾气排查开始，肾气不足的人，大多血液的循环不好，造成肌肤晦暗。这类女孩需要注意多吃补肾食品。何首乌在补肾上功不可没，芝麻和芡实也是补肾的良方。喜欢吃海鲜的女孩可以多吃虾，海参和黄鳝。而对于日常进补来说，可以多吃韭菜，香菜。果品首选乌梅。

不是所有肤色晦暗的女孩都是肾气不足造成的，有些女孩不注意饮食习惯，喜欢吃酱制品和熏制品。这些食品中含有大量的色素，如果身体不能及时将其排出体外，就会造成色素的沉着。色素沉着肤色会越来越差，这种情况是很难通过化妆品改变的。

日常不注意防晒，也是造成肤色晦暗的原因之一。很多女孩现在意识到冬季也要注意防晒，但是对防晒产品缺乏了解。防晒产品并非防晒指数越高越好，防晒指数高的产品容易伤害肌肤，一般防晒指数在15至20就能够起到很好的保护作用了。

◎E类：肌肤萎黄

肌肤萎黄面色必然不华，面色不华容易使人误认为体内有疾患。西方人大多肌肤白皙，毛孔较大，而东方人是黄种人，肌肤大多细腻，但是肤色偏黄。因此很多化妆品在配方上都会有所侧重。想要白皙的肌肤，必然要先去黄气，我们在美容院里做的去黄气的项目，仅仅是针对肌肤来做的，黄气并不会因为几次美容就真正从脸上消失。

朴丽玉从小肌肤就比较黄，个子比较矮，到20出头的年龄，在韩国这个年龄的女生各个像个宝。她们不但拥有婀娜的身姿，时尚的发型还拥有白里透红的肌肤。看到身边的姐妹出落得那么迷人，朴丽玉深深地自卑着。每次和新朋友见面，朴丽玉都非常关注男人朋友对她外表的看法。几次失恋都是因为男友以为她身体有病，不敢“深入”发展。几次打击中，她很失落，越来越不愿意参加新人派对了。她在一面苦苦等待自己的白马王子的同时，开始寻找办法。到医院做了体检，各项指标均在正常范围。医生建议她多锻炼，增强身体微循环能力。多吃一些补血的食品，可以在晚餐时喝一杯红酒，增加血液的循环速度。经过三年的调理，朴丽玉脸上的黄气一扫而光。和那些靠在美容院做美白保养的女孩看起来没有什么区别，而且多了一份青春活力。

教主美贴

都说女人只要气血足，就会健康一生。也有很多人认为，那种病态的美感更令人产生怜香惜玉的感觉。事实上，拥有病态美的美人，恐怕渴望最多的反而是健康的身体。卵巢的功能如何，表面上和人体的气血并没有大的关系，但是往往是气血不足会造成女人在生育各个方面出现问题。所以，这是不得不防的。

补气养血是女人一生的美丽事业，适用于各个年龄阶段的女人。

节制饮食是当前造成女人气血不足最重要原因之一。补气养血与减肥并不冲突，减肥也是为了保持丰韵，万万不可舍本逐末。

2

内因是关键

青春痘顽固不化的内因

痘痘不可怕，也就是绿洲上的一些小丘，并不能改变肤质；痘痘极其可怕，因为只要有它出现，美感顿时消失一半。几乎所有的女孩都有过和痘痘抗战的经历。对于十几岁的女孩来说，顽固的痘痘虽然影响美观，但是长出来快，下去也快；对于二十几岁的女孩来说，痘痘就不那么简单了。痘痘的产生和消失如果与经期有一定的关系还好，女孩们最怕的是那些看似毫无诱因的顽固痘痘；人到三十痘痘依然泛滥的女孩，一定对抗痘的产品都比较失望了。痘痘究竟为什么那么顽固?

◎雄性激素是十几岁女孩长痘痘的顽固后台

十几岁的女孩最爱长痘痘，从表面来看是由于身体机能良好，分泌旺盛。多数女孩都以为，痘痘是因为身体皮脂分泌旺盛造成的。事实上导致身体皮脂腺分泌旺盛的主要原因是激素的作用。十几岁的女孩激素水平还达不到平衡状态，雌激素的分泌量并不大，雄性激素此时还占有一定的优势。雌激素本身并不会刺激皮脂腺分泌的，但是雄性激素不同，它会刺激皮脂腺分泌。皮脂的过分分泌导致了痘痘的形成。

另外，每天我们的肌肤都有大量的细胞死亡，这些死亡的细胞很快就被新产生的活细胞所取代。但是如果我们经常吃辛辣食物，或者有不良的习惯经常用手触摸脸使肌肤受到过度的刺激。皮脂腺会分泌大量的皮脂，皮脂剧增后，将刚死亡的细胞吸附住，形成了粘状的污垢。这个时候我们能明显感觉到肌肤有些地方厚而且比较容易出油。这些污垢不会自动脱落，如果我们不及时清理，它们就会进入毛囊，阻塞毛孔，形成痘痘。毛囊中皮脂不断分泌会进一步加剧这种状况，使得痘痘即难处理又容易复发。

◎洗脸和化妆不当让二十几岁的女孩抗痘之战难以取胜

二十几岁的年龄最容易把注意力放在脸上，她们都知道勤洗脸能带走污垢。特别是那些二十多岁脸上皮脂分泌依然很旺盛的女孩，最讨厌每天脸上都是油光光的。一天洗三次脸纯属正常，一天洗十几次脸的女孩也大有人在。勤洗脸并非坏事，坏就坏在女人的肌肤原本就比男人薄，洗多了面部就会逐渐变得干燥。脸上有痘痘每天洗三次就足够了，因为即使是油性肌肤的女孩，也只是T字型区域比较油，爱长痘痘。嘴唇眼角附近都是很干燥的，洗太勤造成过于干燥又会引发皱纹问题。在清洗面部的时候，完全可以分类来清洗，眼角和嘴部使用柔和的洁面乳，T型区域则使用控油类洁面乳。

彩妆几乎成了二十几岁女孩的专利，看看那些肌肤雪白，唇彩迷人，眼影亮丽的女孩，的确有很大的吸引力。现在哪个女孩包包里没有粉底，唇彩和眼影呢？但是这些为自己增色的东东是否适合自己，大多数女孩并不了解。

我们经常出入商场的化妆品专柜，专柜的销售人员会根据我们的需要推荐一些化妆品给我们。无论你是什么肤质，都能得到“满意”的产品。似乎化妆品无所不能，适合所有的人群。其实不然，那些皮脂分泌正常的女孩，完全可以少用含油脂的化妆品，否则化妆品吸收不好，弄得面部始终不清爽。特别是那些爱用粉底的女孩，粉底本身比较油腻，有遮瑕的效果。但是粉底不宜经常使用，粉底会阻塞毛孔，使得分泌出来的皮脂排不出去，堆积在毛孔里，造成毛囊堵塞和炎症。平时要保持面部清爽，使用粉底最好每周不超过三天，休息日可以不着妆。

◎角质层太厚让三十几岁的女孩抗痘依然措手不及

三十几岁脸上依然长出很多痘痘，对女孩来说是最苦恼的事情了。其实不光三十几岁的女孩可能长青春痘，四十岁，甚至五十岁的女人也有不少未能幸免。究竟为什么过了青春期，依然受到青春痘的青睐呢?

三十岁以后女人身体里的激素水平已经达到平衡，而且皮脂腺的分泌也逐渐减少了，很多女人都一扫青春期的油光，肌肤已经不油腻了。但是随着年龄的增长，肌肤的角质层增厚了。三十几岁的女孩肌肤因为胶原蛋白的流失，已经开始变薄，大多数女孩都开始注意每天洗脸的次数和频繁使用去角质的产品。因为如果人为使肌肤变薄，肌肤的琐水能力会减弱，而且，太薄的肌肤容易被晒伤，更容易长皱纹。增厚的角质层能够帮助我们保持肌肤的水分，但是同时又使得肌肤中的污垢很难排出来。污垢的堆积使得细菌开始衍生，肌肤容易发炎发痒，痘痘也随之而来了。去角质的产品只要按照肌肤的周期使用，还是能起到去角质保护肌肤的作用的。大多数女人的肌肤是28天一个更新周期，我们可以在肌肤角质增厚，开始暗淡的时候使用，等肌肤度过这个阶段后，增厚的角质已经被驱除，就不会影响肌肤的正常功能了。

教主美贴

被痘痘热恋的女孩究竟吃点什么好?

青春痘除了雄性激素分泌，油脂分泌和角质层过厚高发以外，饮食不当也是痘痘高发的重要原因之一。饮食口味是女孩们最讲究的，但是一些腌制品如韩国的泡菜，含有刺激性的食物，如人们常饮用的咖啡都会对肌肤产生一定的影响。有痘人士最宜食用清凉祛热，生津润燥的食物。

黑色素与黑肌肤缘何屡战屡胜?

黑色素是美丽杀手，虽然西方女人有着日光浴的好习惯，但是对于东方女人来说，日光浴的强度和紫外线的杀伤力迄今为止都是我们担忧的问题。

黑色素细胞产生黑色素，如果肌肤中的黑色素含量比较高，肌肤就比较黑。事实上人体的黑色素并不是始终存在的，它也有一个产生和消亡的过程。经常在阳光照射下，肌肤受到紫外线的刺激，黑色素细胞就会产生黑色素，使得人的肌肤逐渐变黑。这是人体抵御紫外线的自然反应，黑色素的产生就是为了够抵挡紫外线的伤害。所以黑色素也并非一无是处。黑色素产生了，但是不会永久停留在肌肤里，它会随着角质的代谢被排出体外，肌肤就会恢复原来的肤色。为了防止肌肤变黑，一定要减少被紫外线照射的机会。有些肌肤黑的女孩只要防晒措施得当，肌肤也能变得白皙。

◎黑色素会自动消失吗?

我们发现肌肤黑的女孩用美白防晒产品后，肌肤会变白，而肌肤原本比较白的女孩，并不需要经常使用。这不是因为肌肤黑的女孩肌肤里黑色素比肌肤白的女孩多，而是黑色素比较活跃，黑色素细胞会产生更多的黑色素。

黑色素细胞产生黑色素后将它输送给邻近的表皮细胞，肌肤就会变黑。黑色素能够随肌肤新陈代谢排出体外。但是即使黑色素排出后，肌肤黑的女孩也不可能变得非常白皙。这是因为部分黑色素被角质吸附而排出体外，但是还有部分在产生和输送过程中，未达到表皮细胞，经过一段时间以后，这些黑色素也会使人肌肤变黑。所以，使用防晒产品和美白产品，是一个持续的抗战过程。

人体的肌肤组织和淋巴系统中存在着一种黑色素吞噬细胞，能够吞噬和分解黑色素。但是无法避免黑色素沉入真皮层，形成真皮斑。爱长斑的女孩，在防晒和美白过程中一定要有所侧重。根据季节的变化，把好防晒关。选择效果好的美白产品，阻止黑色素的形成和沉积。

◎肌肤黑不全是黑色素的错！

都说全世界的80后年轻人都有一个共同的特征：喜爱享乐，随时随地创造时尚，这是经济高速发展的时代的产物。艾妮婚前夜生活非常丰富，经常和朋友们玩到后半夜才回家，对打球和游泳这些健康运动从来都看不上眼，美酒和赌博是她最钟情的，烟更是必不可少的。女士香烟不会将手指薰黄，但是牙齿依然变得很黄。每当艾妮半夜回家，她看到镜子里憔悴的面容，第二天就会叫来自己的美容师，好好折腾一番，让自己恢复风采。可美容赶不上衰老的速度，艾妮的脸色变暗了，28岁后艾妮的肌肤即使在保养上花费了不少英镑，还是越来越黑了。艾妮更换了更高级的防晒产品，美白产品，依然无济于事。她的心里开始恐慌，青春似乎被一脸的黯淡带走了。艾妮的美容师告诉艾妮，她的肌肤已经严重缺氧，营养也很贫乏，细胞干扁，使黑色素不能自动排出体外，造成色素的沉着。造成肌肤黑的原因除了黑色素的作用外，还有生活习惯的问题。夜生活是肌肤的罪魁祸首，没有人能夜夜笙歌还能肤如美玉。夜里在睡眠中肌肤会自动排毒和修复，而这时艾妮在喝酒跳舞或者在烟雾缭绕的赌场快活，使身体毒素一天天堆积起来，肌肤也得不到修复。

由于经常喝酒抽烟，使得肌肤的水分流失很快，肌肤的新陈代谢能力下降。艾妮很难过，自己这么年轻却拥有一脸的黑肌肤，而且皱纹已经过早地爬到了脸上。

30岁的时候，艾妮结婚了。自从结婚后，她放弃了夜生活，过着男主外女主内的生活。她的任务就是每天为丈夫做早餐和晚餐，至于丈夫的生活她一般都不过问。丈夫对太太的行踪也不太了解。在他眼里，艾妮无非就是购物，美容，健身，打牌。而艾妮，把大部分时间都花在了烹调和游泳上。虽然肌肤恢复不到从前的状态，但是并没有持续变黑和干燥下去。

过频的夜生活是造成现代女孩肌肤问题的另一个原因。当抽烟与饮酒变成了女人时尚，还是要注意不要过度，抽烟饮酒过度会危害健康，导致肌肤变黑。也有不少东方美女不喜欢喝水，常常用饮料代替。其实饮料不能代替水。饮料中大多含有色素，而且一般不是纯正的果汁，口感好，但并不能真正解渴。进入身体后不像水那样能带走体内杂质，饮料进入体内，加重了内脏的负担，影响黑色素排出体外。要想肌肤好，水，蔬菜，水果少不了的。

教主美贴

色素痣与黑色素的关系

每个人身上或多或少都有痣，痣的形成和黑色素息息相关。痣的生长一般都比较缓慢，有的很多年都没有变化，有的有细微的增大。痣主要有皮内痣，交界痣，混合痣三种，其中交界痣值得重视。皮内痣通常上面有毛发，没有交界活力，不会癌变。交界痣上表面光滑无毛，具有增生活力，有生成恶性肿瘤的可能。混合痣介于皮内痣和交界痣之间的状态，活力不如交界痣，但也有恶变的可能性。

第5章 破坏型——显老女人的童颜重塑

1

衰老从这里开始

历史上最容易让人遗忘的美丽细节——上眼睑

有哪位女孩擦眼霜是为了保持上眼睑的滋润呢？没有，在美容业20多年来，我没有遇到过一位女人习惯为上眼睑擦眼霜。这是不是我们美容过程中的失败细节呢？的确是这样。因为上眼睑的构造和下眼睑不同，上眼睑不像下眼睑一样容易产生皱纹，容易干涩，容易出现眼袋。上眼睑因为每天运动的次数达到10000次之多，所以，在充分的运动下，上眼睑并不容易产生皱纹。即使一位女孩的眼圈很黑，这种情况也不见得会发生在上眼睑。下眼睑之所以容易产生皱纹，容易发生黑眼圈，容易出现眼袋，就是因为它基本上不运动。它不像我们其他的器官可以经常活动，可以增加按摩量，可以用许多化妆品美白。眼睑的肌肤是面部肌肤的1/6，意味着它更难保养，又更容易衰老。所以我们把所有的精力都花在了对下眼睑的保护上，但是有一天你发现，在涂抹眼影的时候，上眼睑出现了很多细纹，让人看起来以为你有好几层眼皮。这时，上眼睑的肌肤已经出现了大问题。

上眼睑并不是不需要护理，而是你完全忽略了它的存在。当我们化妆的时候，它承受着眼影，睫毛膏的刺激，等卸妆的时候，被随意地擦洗。无论风吹日晒，你基本不会想到要给它涂抹一点保湿乳，防晒霜，给予特别的护理。常常是洗完脸擦乳液时不经意地碰到上眼睑，就涂上

了一些。大家都没有想到，当你的面色依然白皙，眼圈周围也没有黑眼圈和眼袋，但是上眼睑却逐渐变黑了，变皱了。你睁开眼睛它好像有好几层眼皮，你轻轻将它撮起来，它已经松弛没有多少弹性。很多女孩发现这种现象以后，开始疯狂地补胶原蛋白，但是上眼睑的吸收是有限的，恢复很慢。

失去弹性的上眼睑对你而言，就像是一个衰老的信号。其实保养它原本很容易，把上眼睑的护理正式纳入你的保养范围内。它不需要你用特殊的洁面乳，特殊的乳液，在你按摩眼袋和黑眼圈的时候，顺便按摩一下上眼睑，当你手中的乳液已经擦完，把最后一点湿润给它就行了。但是卸妆的时候，不能再“虐待”它了。你得尽量温和，避免拖拽，如果眼影擦不下来，不要使劲擦，这样上眼睑的肌肤会逐渐松弛的。你可以让它保持湿润，滋润一会就比较好擦掉了。如果你是用卸妆油，擦的时候尽量轻，同时卸妆要完整，不要残留在眼睑上。

对眼睑来说，它的要求不高，轻柔的动作，一点点水分，就能让它保持活力。那些爱化浓妆的女孩，每周要休息几天，好让眼睑喘过气来。在你挑选彩妆的时候，请选择含金属量少，比较温和的类型。因为虽然每次化彩妆，彩妆和上眼睑都不直接接触，但是还是难免触碰到，并且被肌肤吸收。这些物质被上眼睑吸收得多了，会逐渐沉积下来，刺激上眼睑长痘，出现细纹，或者红肿。

注重美的细节，让美丽更持久。

教主美贴

上眼脸出现干燥脱皮现象，主要原因是缺水。在化妆时一定要轻柔些，保养时选择补水眼膜，要坚持使用眼霜。对眼部的保养要做到全面照顾，小细节千万不要忽略。

根据肌肤年轮刻度选择饮食

亚洲女人都渴望比实际年龄年轻几岁，但是事实却很少如此。女人一生的饮食法则，无非就是要做到：平衡中有所侧重。有的食品是美味，但是女人在任何年龄阶段都最好不要碰：油炸食品，功能食品。那些保养得好的女孩，大多都会在饮食上十分注意。保养得好，肌肤的年龄和实际年龄相仿，但是大多数女孩的肌肤其实比实际年龄要大很多。这种情况在城市女人中更加普遍，城市女人中很大一部分人，把零食当做正餐，经常吃烧烤。很多女孩从少女时代就开始擦一些成年女人的保养产品。在使用这些产品的过程中，对保养成份并不了解，盲目追求白皙亮丽。结果，很多女孩成年以后，面部都有雀斑，有的甚至因为频繁使用彩妆，刺激了娇嫩的肌肤，而过早出现了皱纹。

其实在女孩们没有成年之前，最好不要擦富含营养和雌激素的产品。因为少女时代肌肤开始逐渐变得柔滑，肌肤中胶原蛋白的含量非常高。肌肤即使出现一些问题，自动修复能力也很强。有一位16岁的女孩，羡慕别的女孩肌肤白皙柔嫩，购买了一款营养丰富的精华素。结果擦上后不但没有起到美肤的作用，脸上还因为营养补充过多而上火，长起了痘痘。青春期的少女，随着卵巢发育，雌激素的分泌，皮脂腺分泌增加，经常补充营养会让过剩的皮脂堵塞在毛孔里，形成痤疮。雌激素分泌逐渐旺盛起来，不需要为肌肤补充雌激素。擦那些雌激素含量过高的面霜，不但会引起内分泌失调，还有造成乳腺增生的危险。这个阶段为了保持好的肌肤，我们可以适当地多吃一些富含蛋白质和维生素的食物。养成喝酸奶代替牛奶的习惯，同时多吃豆类食品，多吃水果。少女时期很多女孩都出现了贫血的情况，在每次经期肌肤显得苍白。你可以选择经期后一周来补血。补血的习惯完全可以从少女时代开始，要知道女人血量充足才会显得健康迷人。补血的食物很多，女孩们可以选择那些红色果皮的水果，比如樱桃，草莓等等。这些水果不要等到感觉到贫血再吃，那样已经晚了。补血是一个长期的过程，当你真心热爱这些美味的水果时，它们带给你的诱惑可是无穷的哦!

基本上在16到24岁之间，女孩们都会对自己的肌肤非常自信。这时你一定不会过分担心，甚至会对那些名类不一的化妆品不感冒。即使购买，也会买特别适合自己的。这个阶段女孩的肌肤可谓是处在黄金时期，这个时期保养得好坏，基本上决定了30岁以后你是否会拥有更年轻的容颜。这个阶段随着雌激素分泌到达一个比较高的水平，肌肤基本不会缺乏营养，你最重要的任务就在补水。喝水是给肌肤补水最好的办法，同时还有减肥的效果。你可以养成每天喝八杯水的习惯，这样肌肤就能拥有全天的水润了。像碧欧泉这类补水产品可以在白天使用，晚上最好还是能擦一些保湿的乳液。但是注意不要涂太厚，以免肌肤透气困难，爆发小痘痘。在补水的同时，还要开始学习如何给肌肤按摩，因为这个动作，在24岁以后，基本会伴随你走完下半生。按摩的方法因人而异，不要固定使用一种。你完全有时间尝试多种手法，在25岁之前稳定下来。很多女孩这个阶段发现自己在长身体，会刻意摄入大量的蛋白质。这对你的体型和健康不利，要培养胃对果蔬的热爱才好。

而25岁以后，你会发现肌肤在走下滑线，无论你如何保养，它始终是在下滑，没有逆转之势。所以25岁以后的女孩，要防微杜渐，从微小的细节做起。饮食上要多吃富含维生素C，维生素B类和维生素E的食物，能适当缓解肌肤衰老带来的各种问题。这些保养方法不是使你不衰老，而是衰老得比正常速度慢一些而已。到了35岁以后，皮脂分泌减少，皮下脂肪变薄了，眼睛，嘴角还有双颊和下巴都会开始出现稳定的皱纹。这个阶段你可以多喝瘦肉粥来保养，不但能保证氨基酸的供应，还能激发皮脂腺分泌。当女人进入更年期，由于卵巢功能衰退，肌肤问题爆发到了最严重的阶段。这个阶段的女人最好能从食品中摄取一些雌激素，缓解更年期症状，改善肌肤问题。豆类食品富含植物雌激素，对缓解衰老也有一定的作用。给肌肤补充胶原蛋白也是改善肌肤问题的好办法，你可以食用补充胶原蛋白的产品。由于衰老趋势无法逆转，我们没有必要认为地刻意去改变它。

教主美贴

甜甜蜜蜜听来很合人的心意，但是每餐都甜甜蜜蜜，就会招致一些烦恼了。就拿糖来说，我们基本上每天都会吃超过人体需要的量。尤其是女人吃糖过多会引发很多问题，最明显的就是痘痘的大爆发。过多糖分会使胰岛素释放变多，让身体里雄性激素增多，皮脂分泌会跟着增加，痘痘自然就会出现。吃糖太多还会阻碍你的美白进程。爱吃糖的女孩会发现，吃过多的糖，即使你用高效美白的产品，效果也没有别人好。因为吃很多糖，在黑色素的生成过程中，络氨酸酶会活化生成黑色素，糖是增加黑色素的罪魁祸首。而身体糖分过量，没有办法完全被消化吸收，代谢不完全，就会附着在真皮层的蛋白质上，使蛋白质变质。如果维持肌肤弹性的蛋白质先变质了，那么肌肤的弹性就会越来越差的。千万不要以为只有吃糖果和在咖啡里放糖，才会增加身体的糖含量，我们经常喝的可乐里，糖分大约有十茶匙，相当于一个人一天所需要的糖分。

如何睡个美人觉

现代生活中有很多女孩喜欢睡懒觉，美其名曰“睡美人”。前苏联生物学家巴甫洛夫说：人的机体能够长期忍受饥饿，但却不能没有睡眠。睡眠是必需的，那么睡眠究竟是否能够帮你变美呢？当然会啦，肌肤的细胞再生运动和能量补充运动都是睡觉期间完成的。那么你会问，究竟能变多美呢？这关键在于会睡。睡觉不但能给人补足精神，还能保养肌肤和秀发。所以在睡觉的时间段，睡觉工具的舒适度和睡姿上女孩们可要下点功夫哦。

女孩们都渴望披着一头光泽度好，又非常柔软的秀发。可是，现在这个愿望变得越来越难以实现了。很多女孩因为工作压力的增加，无暇顾及养护秀发。有的女孩整天零食加酒吧，秀发得不到充分的营养。随着自然污染越来越严重，秀发又往往被置于肌肤保养次之的地位，这样一来，供给头发的营养真是少之又少了。你是否感觉到秀发越来越疲劳了？干枯，易断，发黄，打结令你措手不及。当你发现头发不再柔顺，一定会在洗澡的时候给它焗点油，可是当用水洗净后，你发现头发依然是干枯的。因为这时的头发已经吸收不了太多的营养和水分了，头发疲劳了。如何才能真正恢复头发的光泽呢？睡眠是恢复头发光泽最好的办法，规则的睡眠能让头发减少凋落和干枯现象。因为在肌肤修复的时间，也是头发修复的最佳时间。你绝对看不到一位睡眠不规律，经常失眠的女孩，会顶着一头柔顺光泽的头发。所以，重视秀发的养护要从规则的睡眠开始。

睡觉姿势不当也会伤害秀发，很多女孩躺下后，头发依然披在背上。等半夜翻身的时候，头发自然地被压在下面了。头发可能被压得凌乱不堪，被汗水浸透。早晨起来你会发现头发还是很没精神，梳起来干燥容易起静电。这种睡姿不但影响秀发的恢复，而且时间长了你会发现头顶某个区域的头发逐渐稀少了。这可能是由于头发被压住，毛根部分始终处于紧张状态，有的头发在翻身压力大的情况下被拔掉了。当被人提醒：“你的后侧头顶的头发有些少了。”女孩们都会感到一阵恐慌，局部头发变少，似乎离秃发不远了。这可是美丽的大敌啊。只见过因辐射或者衰老发生局部秃发现象，并不知道大多数掉发现象主要是睡姿引起的。如果你希望头发夜里能有充足的营养和氧气，和身体一样放松，不妨试试这几个办法：

1. 给头发做一个发膜，洗净后擦一点发油，然后再睡。

2. 睡的时候，食指和拇指张开将头发挑起，从右耳际开始到左耳际结束。这样手掌将所有的头发都握住了，轻轻拽15下后，所有的头发都顺了。躺下然后将它们放在头顶上方的枕巾上。

这样无论你怎么翻身，头发始终在头顶上方，不会有压力。

而对于肌肤来说，晚上睡好觉的意义就更大了。晚上11点至凌晨5点是肌肤细胞生长和修复的旺盛期，如果这个时间段你没有睡觉，依然在忙碌，那么早晨起来，你会发现自己的肌肤暗淡无光。所以，保养肌肤一定要顺应人的自然作息。在人体夜间休息的时间里，我们擦在脸上的护肤品吸收率比白天更快更多，所以，擦一些滋润的晚霜对肌肤比较有好处。那么美人觉该如何睡呢？顺着磁场睡，你入睡会更容易。睡觉的时候要穿宽松柔软的睡衣，透气性要好，内衣最好都脱掉。这样能保证肌肤的毛孔透气，如果出汗也不影响汗液的挥发。睡眠时间最好将手机关闭，免得被吵醒。美容觉如果是补觉，在中午睡不要超过50分钟，睡得太久太沉，起来后会感到慵懒无力，而且午睡过久会导致夜间难以入睡。如果因为下午太困需要补觉，最好不要超过90分钟。正常夜里的美容觉要限制在7至8小时左右，不宜睡过短。睡得过短身体还没有休息好，强打起精神肌肤也很难舒展。睡得过长对身体不好，尤其是夏季，夜里或者午间睡得过长，起床后会感到气短胸闷。为了达到美容的目的，最好的办法就是睡前定好时间，让自己休息充足就好，不要赖床。

很多女孩以为睡美容觉就可以贪睡，有的人干脆从下午睡到第二天接近中午才起来。认为睡得长对身体好，肌肤能更好。其实并不是这样的，睡觉时间长，身体已经消耗完当天的营养，你依然不起来。这时不但腹中空空，甚至急需水分的滋润。而且身体没有能量运转，其实对肌肤一点好处也没有。

睡姿是决定睡眠质量的一个直接的问题，睡姿主要分成：仰睡，侧睡和俯睡三种。仰睡的女孩可能比较心宽，但是仰睡对休息不好。身体处于休息状态，心脏的跳动频率有所下降，血液到达全身的速度减慢。仰睡血液需要更大的压力才能到达身体的末梢。而且仰睡对头顶后侧的头发不好，这侧头发始终贴在枕头上摩擦，容易出现稀疏的情况。如果你选择俯睡，你可能比较缺乏安全感，俯睡对胸部和面部都有一定的压力，使得这些器官在睡眠状态中依然紧张，是养颜的大忌。那么侧睡要如何睡才最好呢？靠右侧睡，而且手臂随意地伸直，不要弯曲，否则手臂的血液流通速度会减慢。最好是弯曲睡，或者一条腿屈膝睡。脸部最好不要朝着窗户，否则眼睛会随时感受到光线的刺激，休息不好。如果腰部平时感到比较累的女孩，可以选择平躺几个小时，在腰部下面放一个枕头，有按摩的作用。

想要更美，得要会睡，会睡才能帮助身体修复得更好更快。

教主美贴

现在的人醒得早，睡觉晚，逐渐养成了习惯，很多人一天就睡4至6个小时。即使有时间睡觉，也睡不着。睡眠的效率大大下降，都会对身体的修复和免疫系统造成影响。有时间却睡不着，的确令人恼火。可是这究竟是为什么呢？很多人喜欢午后喝杯咖啡，晚餐时间喝酒。这样身体的负担总是很大，在睡眠时间依然没有消化好，造成难以入睡。好的睡眠能保证人一天的精力，能带给人舒畅的心情。正常的睡眠应该是6至8小时，如何将4至6小时的睡眠，延长到6至8小时，并提高睡眠质量呢？

入睡准备：晚饭后2小时吃点水果，开始散步15分钟。做做伸展运动，帮助肠胃消化剩下的食物。喝一杯温热的牛奶，穿宽松的睡衣裤上床，给自己放点音乐，拿一本有意思的书一边读一边听音乐。

争取时间：每天重复入睡的准备，并每天比前一天提前10分钟上床。只需要6天时间，你就养成了早上床的习惯，赢得了更多的睡眠。

重视享有绝对权的早餐

恐怕你对时尚减肥概念早有耳闻，无论对错，很多女人都不吃早餐。不吃早餐只要养成了习惯，就不觉得“饿”，身体吸收不到能量，自然就瘦啦。这种减肥方式究竟好不好？英国《美容》杂志报道，波兰美容专家咨询的一项脂肪研究发现，不吃早餐和吸烟、酗酒、通宵赌博等恶习一样，也会严重影响女人的容貌。

整个夜里身体摄取的能量都已经消耗光了，早晨起来大家都觉得饿了。饿是身体传递给你的信号，我缺少能量啦！你依然无动于衷，那么身体就开始动用“仓库”里的糖元和蛋白质了。消耗掉“仓库”里的能量，你的肌肤得不到充足的营养，会越来越干燥，衰老得更快。采用这种减肥方法的女人都有这样的经验：整个上午胃里没有空空的，并不舒适。到了中午，已经饿得前胸贴后背了。中午吃饭干脆就放开了胃口去吃，结果吃了过量的饭菜，胃的负担加重了，还是没有瘦下去。胃遭受这样的折磨时间长了就不“听话”了，胃痛，胃病，溃疡时常出现。结果没有享“瘦”，却弄得身体“四处告急”。

有的女孩发现不吃早餐后果很严重，于是干脆吃点零食做早餐。什么饼干，巧克力甚至一个小水果就摇身一变成了一顿所谓的“营养早餐”。我们来看看这顿早餐是不是真的营养呢？吃零食做早餐的女孩是否发现吞咽的时候相对比较困难，而且吃完后非常渴。这是因为零食大多是油炸或者烘烤的产品，比较干燥，不利于吸收。如果喝些水，虽然可以帮助你在很短的时间里获得一些能量，又因为消化很快，不到中午我们又腹中空空了。这时恐怕你再补充能量不但不方便，而且又临近午餐了，等到吃午餐又饿得过火了。于是依然会导致午餐放开胃口大吃一顿的现象。零食的营养不全面，很容易导致营养不足。长期吃零食的女孩大多都能感到体质下降，经常头晕。

吃早餐的时间一般会比中餐和晚餐短，所以，有的女孩认为这么短的时间，干脆直接拿着吃好了，坐下来浪费时间。于是早晨就在路边买点早餐，边走边吃。的确，似乎是节省了时间，但是一边走路一边吃东西，对肠胃很不好。人吃下去东西的时候，身体血液在胃部相对比较集中，来帮助你消化食物。如果这时你还在走动，胃部的血液也会分散导致消化得不好。

假如动作幅度比较大，走得比较急，可能还会感觉到胃痛。所以，一边走一边吃东西，不是健康早餐的条件。有的女孩为了省时间，干脆晚上把食物做好，早晨起来吃就好了。可是剩饭隔夜后，会产生一些危害人体的物质，比如蔬菜炒熟后隔夜吃，不但丧失了大量的维生素，而且可能产生亚硝酸盐，长时间吃这种隔夜菜，可能会致癌。冰箱并不是万能的，女孩们最好不要吃隔夜的饭菜。假如你有吃快餐的习惯，每周最好不要超过2次。因为西式的快餐大多以油炸品为主，味道不错，但是这种食物热量很高，容易让人发胖，而且高热量食物中往往缺乏纤维素，维生素和矿物质等营养，常吃也会导致营养失衡。

一份真正的营养早餐，应该有营养价值看似不高的主食，有牛奶和蔬菜水果。女孩们一定会惊叹：这样吃肯定会胖。其实你只要计算好热量，身体不但营养充足，而且能保持体重。

我们不要吃得太“细”，你可以尝试一些全粒食物，煮熟得快，营养价值又高。

如果女孩们有充足的时间来调配自己喜爱的早餐，不但能拥有全面的营养，还能保持身材和体重。告别不吃早餐的时代，选择营养早餐，想要好身体，想要好肌肤，要从重视早餐开始。

教主美贴

美味早餐，要既能提供给你充足的营养，又能美白你的肌肤，首选就是木瓜炖奶了。木瓜含有多种维生素B群、胡萝卜素等营养，它所含的特殊蛋白酶，能够吸收鲜奶里的蛋白质。丰富的蛋白质能够使你的肌肤保持弹性。做法简单：把新鲜的木瓜剖成两半，取出子后，把木瓜切成指尖大小的块。先把牛奶煮到沸腾，然后加一点冰糖。喜欢吃甜点的女孩，可以根据自己的口味，多加一点。把木瓜放入牛奶中同煮，这样牛奶的香味和木瓜的香味融为一体，口感非常好。如果你不喜欢吃有块状的木瓜，可以煮的时间长些。这道木瓜炖奶不但能白嫩肌肤，还能起到淡斑，抗老化的效果呢。木瓜炖奶的丰胸效果也不错，不妨试一试！

挑选抗氧化的宝贝

很多年轻女人发现第一条皱纹，一般是在起床无意中照镜子看到的。有的女孩非常年轻，却突然发现肌肤暗哑。不管你擦多么高级的霜和水，肌肤就是暗淡没商量。大多数女孩这个时候会意识到：老化就在身边。其实对那些还没有稳定下来的纹路和脸色，都是有办法改善的。肌肤老化并不见得就是正常的生理衰老，有的时候是因为你接触的污染源太多，生活压力太大造成的。你就像一枚铁钉，虽然金光闪亮，但是被氧化后，同样灰头土脸。

每天的生活中，有太多会加速肌肤细胞氧化的可怕杀手，手机、电磁波、紫外线、空气污染、油炸食物及压力等。真正健康的保养观念，必须加入修复因素，也就是抗氧化的因素。在日常的肌肤保养品中，加入抗氧化效果的产品，会使肌肤的保养更向上提升。一般来说，除了饮食之外，保养品也有助于脸部抗氧化工作的进行，除了定期的清洁之外，运用加强保湿的产品，或是在重点部位如眼部周围等进行保养，防止肌肤松弛、老化，进而达到抗氧化的成效。抗老活肤焕采酚精华抗氧化功效比维生素C强六倍，能大幅降低蛋白质氧化程度。这种成分倍添加到化妆品里，能够激活肌肤的深层亮采。长期用它能改善肌肤暗沉，使肌肤显得光彩照人。挑选化妆品的时候，别只看文字说明，对成分也要好好考究一番哦。

◎烟酸——对付紫外线的宝贝

除了维生素C能美白抗氧化，你所了解的抗氧化产品还应该含有什么成分呢？维生素B3就是我们要说的烟酸，它能对付那些忘记擦防晒品，在旅行中被太阳暴晒过的肌肤。一些比较高端的化妆品都含有烟酸成分，为了帮助修复紫外线造成的肌肤DNA损伤。化妆品中如果含有一定量的烟酸，这种化妆品还能帮你淡斑，提升肌肤的光泽度呢。假如你的肌肤很容易晒伤，本来就有一些色斑或者有比较多的角质，那么富含维生素B3的产品是首选。烟酸的抗氧化如此神奇，一定要认准它哦。

◎胶原蛋白的闹钟——胜肽

赶快仔细看看你的护肤品里面，有没有哪一种含有胜肽？虽然你一直没有意识到胜肽的重要性，但是不要紧，因为大多数帮助女孩们改善肌肤细纹的化妆品中，都含有胜肽。智慧胶原增生胜肽，它能够促进胶原蛋白，弹力纤维和透明质酸增生，提高肌肤的含水量，增加肌肤厚度以及减少细纹。当你为“生锈”的肌肤发愁的时候，用一款含有智慧胶原增生胜肽的精华液，2个小时以后，再看看你的脸，干燥的地方变得水润，松弛的地方变得富有弹性。真的这么神奇吗？因为它含有多重胶原蛋白胜肽组合、蛋白质和氨基酸，瞬间就能满足肌肤的渴求。它能将你从饱受皱纹和暗沉的困扰中解救出来。的确，这么好的化妆品，不会识别不会用，真的很可惜。

◎最强力的抗氧化之神——Q10

听说过Q10的人很多，但是很女孩都不知道普通的Q10是脂溶性物质，不溶于水。要和含有脂肪的食物一起吃才行。而辅酶Q10是目前最强效的抗氧化剂之一，它能够清除过多的自由基，预防机体早衰。水溶性辅酶Q10，不管空腹还是饭后吃，都能得到迅速吸收。对肌肤来说，有了它，你基本上不用为暗沉的脸色，肌肤的早衰担心了。

用化妆品，吃保健品，其实都不是美肤之道。最有效的抗氧化产品是好习惯，因为保健品和化妆品的功效毕竟是有限的。我们要保持防晒习惯，少吃垃圾食品，经常擦拭家里的电器等等，才是杜绝氧化之道。

◎拥有自然的红腮——虾红素

在抗衰老工程中，虾红素是不可或缺的。它具有抗氧化作用，还能够使肌肤少受紫外线的伤害。它的成分有维生素A、维生素C、维生素E、类黄酮、茶萃取等，能对抗自由基。虾红素还含有美白成分，能使得肌肤白皙靓丽。能够帮助肌肤去角质，为肌肤增加新陈代谢需要的果酸。从一则调查报告我们更能看出它的抗衰老作用：日本有学者将10只无毛的老鼠分成两组，一组使用虾红素，一组不使用。同时放在紫外线下照射，18周后发现，那组不是用虾红素的老鼠，肌肤里的胶原蛋白被破坏的现象非常明显，而使用虾红素的那组症状轻很多。所以，添加虾红素的化妆品相对来说能为你改善皱纹，同时保护胶原蛋白被破坏。

教主美贴 我们无法阻止人体逐渐衰老，但是我们可以通过保养来减缓衰老的进程。现代不良生活方式导致人体内的毒素逐渐堆积起来，为了请出身体的自由基，我们平时可以吃一些富含维生素C和维生素E的食物。另外值得一提的是，美国的一些营养专家发现，健康饮食，适当运动和精神减压，是最完善的抗氧化方案。在饮食方面提倡多吃深色蔬菜，深色蔬菜在抗氧化上的杰出作用是非常突出的。我们在平常饮食选择上，可以进行一个对比：西兰花抗氧化效果比白菜好，黑豆颜色比黄豆深抗氧化效果比黄豆好。所以，越鲜艳的食物，越抗衰老。热爱深色蔬菜，就是在给自己的美丽加分！

最高效的保养肌肤法则——顺时

人体有生物钟，肌肤会受到生物钟的影响吗？回答是肯定的。有一些女孩发现，虽然自己在保养方面非常“勤奋”，但是却总是收不到好的效果。她们感到非常困惑。很多女孩喜欢起床给肌肤做完清洁后，就开始贴敷一些面膜或者自己按摩一下。假如这样的事情发生在早晨六七点钟，那么效果肯定不会好的。因为这个时期其实肌肤的吸收能力并不好，而假如你换个时间段做保养，却能收到特别好的效果。肌肤对营养品吸收得好坏，很大程度上是依赖于肤质的好坏和化妆品是否适合。在这两个前提的基础上，不遵守生物钟的规律，也达不到好的效果哦。

所以，当我们努力给肌肤补充水分和营养，却收不到好的效果时，你就要考虑一下，这个时候你的生物钟是否适合现在给肌肤补充营养了。了解了自己的生物钟规律，女孩们就可以轻松地进行保养肌肤了。

我们的生物钟对肌肤有哪些影响呢？

先看看早晨6点到7点这个时间段吧，这个时间段是肌肤的细胞再生活动的最低点。人体肾上腺皮质素分泌到达了一个高峰，肾上腺皮质素

可以抑制身体的蛋白合成，让细胞的生长和修复受到一定的阻碍。这时有大量的水分积聚在细胞里，淋巴循环和血液循环都受到了影响。所以，很多人早晨起来发现自己“眼皮肿”了。如果这个时间段你正好赶着起来上班，给肌肤补充营养，会发现肌肤根本就接受不了。你可以用温水洗脸后，轻轻按摩一下眼睛周围的肌肤，给肌肤做点保湿工作就可以了。等到早晨8点，肌肤“苏醒”过来，这时肌肤的皮脂腺分泌特别活跃。直到12点，肌肤的吸收能力都很强，去角质或者做按摩也是不错的选择。假如女孩想做一个全面的护理，最好选择这个时间段去做。

到了下午1点后，我们身体的激素分泌降低了，身体感到非常疲倦。很多女孩喜欢这个时候去洗个脸，然后做面膜或者按摩。其实从下午1点到3点，都是肌肤接受能力很差的时间，肌肤的生理处于最低潮的阶段，最好不要有所安排做美容。有的女孩这个时间段去做美容，总是发现做完效果没有以前好，产生疑惑，或者做完后发现肌肤反而出现一些小问题。到了下午4点开始，这时人体血液的含氧量最高，心肺的功能也比较强，假如给肌肤做个保养，不但营养吸收得比较好，而且做的时候你会发现肌肤很“配合”。直到晚上11点左右肌肤的微血管抵抗力才开始下降，人体的血压也下降了，持续如果这个时间给肌肤做美容，很容易出现过敏想象，得不偿失。

晚上11点到凌晨5点，这个时间段肌肤的吸收能力特别好，因为肌肤分裂速度是平时的7至8倍，如果女孩渴望睡醒后发现自己的肌肤变得更加有弹性，那么你可以在晚上睡前涂抹一些富含营养的乳液。肌肤能充分地吸收乳液，有利于细胞的生长和修复。

而对于四季的保养来说，我们要注意的问题更多了。很多女孩一年四季都使用同一款化妆品，结果发现这些化妆品的“能力”是有限的。其实，我们保养肌肤不但要遵循每天的规律来保养，还要注意四季的变化。

春天的时候大多数女孩都感到肌肤的水分在拼命流失，肌肤开始出现瘙痒，脱皮。这个季节我们得选用滋润效果好，又能保湿的产品才行。有的女孩在春天容易发生肌肤过敏现象，如果你是干性肌肤，而且肌肤比较薄就更要注意了，除了日常的保湿外，还要注意早点擦防晒霜。而夏天人体的皮脂分泌特别旺盛，外界紫外线又很强。所以肌肤很容易出现这样那样的问题，比如：油腻，毛孔大张，肌肤变得干黑等等。

夏天最好使用清洁度比较高的洁面乳，同时要用收敛和保湿产品。虽然擦完收敛和保湿产品，感觉肌肤已经很舒适了，但是一定要记住，夏季是防晒最关键的季节。夏季最容易晒伤，晒伤对肌肤来说简直是致命的。爱美的女孩都知道，晒伤可能意味着你需要更多的时间去修复它，而且有可能肌肤老化难以修复到从前的程度，甚至会产生色斑。防晒品纵然油腻，但是的确是爱美女孩们度过夏季，保持美丽的好帮手。

秋天的时候，肌肤失水的速度加快，保湿是这个季节的重头戏。秋天一到，紫外线依然很强，但是却没有夏季那么热了，所以我们依然要注意防晒。因为秋季无论如何注意，总会被紫外线“骚扰”，秋季保养就必须在补水的基础上开始进行美白工作了。

冬季风逐渐变得干而冷，身体的皮脂腺分泌速度下降。身体因为感到冷，血管收缩，血液循环逐渐减慢，肌肤常常得不到足够的营养，就会发生干燥，瘙痒等情况。有的女孩甚至一到冬季肌肤就起小疙瘩，我们需要做的就是充分地补水，最好还能够用一些富含营养的保湿乳来进行按摩，帮助肌肤吸收水分和养分。

肌肤每天是一个小四季，一年是一个大四季。女孩们保养不要太盲目，想要有好的效果，不需要花费过多的精力，只要找对时间，找对了方法就好。

教主美贴

一年里肌肤保养的好坏，基本上由春天的护理决定。春天大地复苏，肌肤的新陈代谢能力增强，皮脂腺和汗腺的分泌增多。可以说这个时期对肌肤来说也是一个春天，肌肤上冬季出现的问题，春天或许能够得到缓解。但是春季空气里的灰尘，细菌增多了，往往又会阻碍肌肤的呼吸。在尘埃多的地方，肌肤很容易过敏，所以我们在起居上一定要注意。除了多给肌肤补水以外，春季一定要少吃味道重水分少的东西，以防上火。虽然春天空气还不够暖和，但是房间一定要经常通风。春季在不通风的房屋里太久，肌肤也会因为灰尘增多，细菌数量加剧而发生过敏反应。即使春季有雨，也不能保证空气中的湿度够大，所以要在保湿方面下大工夫。而洁面乳这个时期最好能用比较温和的乳液型，强力的洁面乳很刺激容易到伤害干燥的肌肤。我们都会有这样的错觉：春季没有紫外线照射。其实四季都有紫外线照射，只不过没有夏季表现得那么明显。所以防护要从春季开始做起。春季不经常外出的女孩建议擦SPF10的防晒品，到了夏季升级为SPF15就可以了。这样既晒不黑，又最大程度地保护了肌肤。

2 表层下垂肌肤的修护

“拍”出欢乐美女来

拍手是一种简单的活动，但是在平常，我们只有高兴的时候，才会想起拍手。拍手对女孩们来说，可是一个简单而有效的美容法宝哦。拍手对于女人来说，是一种自动调节情绪的方法，当女孩不开心的时候，不一定非要上街购物，发泄情绪。你可以甩甩手臂，在没有人的地方拍拍手。不必用太大力气，只要能听到清脆的声音就好，手臂的活力增加，很容易调动起情绪。拍手能自娱，是自己为自己制造的快乐。

拍手不仅仅能调节女孩的情绪，还能帮助身体增加新陈代谢能力。当你双臂伸开，再快速用力将拍手。这时你会感觉到双手手掌微微发麻，手指有点疼痛。但是这样一用力，身体的血液循环加速，身体的废气也随之排出。这种拍手的方法，是为了促进身体气血的通畅，对那些整天喜欢坐着的女孩来说，是最简单实用的好办法了。只需要10分钟时间，十指张开，将左手的手掌手指和右手手的手掌十指相碰撞，发出清脆响亮的声音。拍击带来的刺激，能改善女孩们因为末梢神经血液循环不好而造成的手指冰凉的情况。拍完后，很多女孩都感觉手指暖暖的，手掌也变得柔软了，面颊也出现了红晕。尤其是在冬季，当女孩外出回家，身体还没有暖和起来，可以拍手来加快血液循环，使身体暖和起来。用力的拍手，坚持10分钟后，人的呼吸加快。因为拍手也连带着做了扩胸的运动，所以，在吸气的过程中增加了肺活量，这不失为一个一举两得的方法。

◎调整状态拍手法

对于那些经常胸闷气短，容易头晕感冒的女孩，拍手能帮助你补充更多的氧气，改善这些问题。假如你正要去赴一个重要约会，却感到头晕乏力，面色不佳。你很想休息一下，但是已经没有充足的时间了，你实在不想放弃。这时，你一定很难受，坚持去可能会非常疲劳，效果又不好。你无法显得楚楚动人，可能最后反而扫兴而归。怎样才能尽快把身体调整到一个舒适的度呢？——调动身体的免疫力，使身体恢复理想状态。

你可以先活动一下手臂和手掌，然后双臂伸开，快速而用力拍手，让双手发出啪啪的声音。如果开始你感觉比较疼痛不舒服，可以先用掌心空着拍，十指张开，但把手掌弓起来，使双手相碰的时候，双手手心不接触。开始拍的时候，效果不会很好。但是手指连心，每次拍击都会对心脏产生一定的刺激。当你的心脏活跃起来，头脑逐渐不眩晕了，手掌的痛感就不那么强烈了。这时，为了身体能脱离疲乏状态，你可以开始用力拍手了。这次依然坚持10分钟，但是手掌不要弓起来。当双掌在碰击中变红，你的头晕乏力一扫而光。你可能会发现活力重新回到了身上，因为身体非常温暖，而刚拍完手，心跳速度快，活力增强了。这种变化对你的心态来说，是一个质的转变。你在短短不到三十分钟的时间里，就能调整好状态，这不是一个奇迹吗？

拍手其实很简单，是通过给人体补充氧气，来保护我们身体的细胞正常运行的。当头晕，感冒等问题发生，身体细胞不能得到充足的氧气，功能出现紊乱，我们可以通过主动拍手，给身体补充氧气来阻止问题的发生。

教主美贴

无论是西方美女还是东方美女，都希望自己的手柔若无骨，白皙如玉。大多数人的手和自己的心脏成一定的比例，所以可不是手越小越好看哦。手是非常敏感的，尤其是指尖，日本的研究人员认为，我们的手掌上，有全身各部位的对应点。因此，只要检查手掌上有何异常的感觉，就可以判定身体哪里出了问题，同时若在异常部位加以刺激，对身体相应的部位也有保健作用。按摩手掌能健脑健身，女孩们不妨试一下：用一个外壳坚硬，表面凹凸不平的核桃按摩手心。做法是：将核桃夹在两个手掌中间，用力推按它，向手掌各个部位滚动，从手腕部位到达每个手指的指尖。能帮助你消除困倦，促进血液循环，对脑的保健也有很好的效果。

养颜从保湿做起

保湿的方法不一，每位女孩都有自己的办法。有的会隔几个小时给肌肤补水，有的晒后会用冷敷，有的经常贴保湿的面膜等等。哪种方法最适合你呢？只有方法适合你，才是真的好哦！我们来回放一下肌肤需要补水的几个干燥时刻吧：

◎要想肌肤好，睁眼第一时间喝水

经过一晚上的睡眠，水分已经基本上消耗光了。很多女孩会感觉早晨起来口干，口干说明身体缺水啦，身体缺水，肌肤当然不会好了。我们可以在杯子里冲泡一片柠檬，早晨起来喝温水能迅速给肌肤补充水分，柠檬能帮助身体排毒。柠檬茶在国际上已经作为美白茶品中的佼佼者了。

别小看这杯水，20分钟后它就会被人体吸收掉。

◎肌肤疲惫——热爱“专一”的化妆品

无论春夏秋冬，当我们在外面活动，总能看到一脸憔悴的女孩，年轻但是肌肤并不光洁。这些女孩大多是因为夜生活或者夜班的，她们的肌肤始终处于疲惫状态。这类肌肤除了要注意休息，给肌肤增加营养外，还要注意改掉一些坏习惯。我发现，这些女孩性子大多都比较急，洁面的时候会选用那种碱性很强的洁面皂，这种洁面皂在清洗过程中，泡沫很多，清洁得十分干净。但是洗完后肌肤会有一种紧绷的感觉，因为它不但洗去了污垢，还洗去了维持肌肤平衡的油脂，使得肌肤显得干燥。建议想拥有好肌肤的女孩们，都不要使用PH值8以上的产品，尽量使用温和的洁面乳，比如弱酸性的洁面乳。洁面的目的是将面部的污垢洗干净，前提是不伤害肌肤。那么我们能不能使用那些给肌肤补充营养的洁面品呢?

答案是不可以！每种化妆品的功能是不同的，就像食品一样，我们吃蔬菜是为了摄取维生素，摄取主食就是为了饱腹。我们不能用蔬菜来补充维生素又用来饱腹。拥有多种营养成分的洁面乳，往往会造成肌肤的负担。即没有彻底清洁干净，又不能给肌肤补充足够的养分。所以，我们的化妆品还是“专一”的好。

◎肌肤油——走平衡路线

我们的肌肤有时候不仅仅是夏天显得油光光的，甚至在冬季也是那样。肌肤为什么油腻？有的女孩说是天生的。其实肌肤是油腻还是干燥，都是后天习惯带来的。那些平时不化妆的女孩，脸上不容易长痘痘，湿疹，有时会比较干燥，但是肌肤的调节能力比较强。而那些经常化浓妆的女孩就不同了，她们的肌肤通常也比较油腻，毛孔相对比较大一些，容易长痘痘。痘痘的确不好看，但是可别抱怨不公平，我们来看看喜欢化浓妆的女孩，她们的肌肤为什么油腻了。

很多女孩习惯只用某个牌子的洁面乳，无论春夏秋冬都用一样的。当然，大多数女孩是经过了“多方”试验，才得出某款洁面乳适合自己使用的，所以长期使用它就很放心。但是我们回过头来想想，冬季和夏季其实肌肤的油脂分泌是不同的，夏季油脂分泌旺盛，而冬季则油脂分泌减少。假如我们使用一只控油的洁面乳，在夏季也许能给你带来一脸的清爽感觉。但是到了冬季，恐怕会让你觉得非常干燥。所以，不同季节一定要选用不同功能的洁面乳。另外，那些喜欢化浓妆的女孩，是否注意到你们的卸妆产品效果呢？很多女孩化妆后只用洁面乳洁面，洁面后特别是那些油性肌肤的女孩会发现，脸上还是有点油腻腻的。如何去掉这层油腻感呢？

我们最好使用卸妆油。现在市面的卸妆油采用天然植物油合成，清洁力很强，能在卸妆的同时帮你洗去多余的油脂，这样肌肤就不会感觉油腻腻的了。卸妆油的使用方法很简单，用温水清洗脸部，然后擦干，涂上卸妆油，轻轻按摩一分钟后用清水洗掉就可以了。洗完后会感觉脸上很清爽了，可以让毛孔自由张大2至3分钟后再擦保湿的乳液。

◎肌肤有时干燥有时出油——混合型肌肤

混合型肌肤的保湿是肌肤保养的难题，很多女孩发现擦了油脂多的乳液，肌肤油光光的，擦了油脂少的乳液，肌肤很干燥。无论你怎么折腾，油的地方照样油，干的地方照样干，不胜烦恼。事实上，比起油性肌肤和干性肌肤来说，混合性肌肤是所有肌肤类型中最难“对付”的了。混合性肌肤大多数是T字形区域比较油，脸颊很干燥。在洗脸的时候，我们可以分门别类来处理。洗T字型区域采用控油洁面乳来洗，而对于干燥的脸颊，我们可以采用温和的无泡型洁面乳。这样不但能清洁干净，而且不会使得脸颊的干燥部分变得过于敏感。

想彻底改变混合型肌肤的办法是补水。当肌肤拥有了充足的水分，才能发挥自我的调节功能。水油平衡其实就是帮助肌肤恢复健康自控状态，肌肤恢复锁水功能。进入睡眠之前，肌肤开始舒缓下来，这时，肌肤对营养的吸收能力增强。假如女孩们洗完脸什么都不擦就进入了睡眠，就错过了这个补水的良机。我们可以采用深层补水的乳液，或者甜睡免洗的面膜，在给肌肤补水的同时，这些产品还含有一定的维生素和矿物质，能给肌肤补充营养。

保湿这个环节，对于女孩们来说是护肤最重要的环节。无论哪个季节，气候的干燥或者身体缺水，都会使我们的面部，手臂，颈部等部位的肌肤显得粗糙。这些粗糙的细节是我们潜意识的忽略造成的。我们说，看一个人的性格，就看眼睛，而看一个人的年龄，就看她的肌肤细节。我们都在追求美，要美得彻底，美得滋润，一定不能忽略保湿。

教主美贴

水是生命之源，肌肤不能缺少水，身体更不能缺少水分。给身体补充足够的水分，才有水润的肌肤。肌肤的保湿需要高质量的水，我们也要给身体补充足够的水分。喝水对身体来说有什么好处呢?

1.喝水能够给人体补充必需的水分。能够稀释血液，不使血液过于浓稠。

2.喝水对在给身体补充水分的同时，也给肌肤补充的水分，起到了保湿养颜的作用。

3.多喝水的人不容易得胆结石，水能促进新陈代谢，帮助通便。

人的身体时刻都不能缺乏水分，充足的水分使人感到舒适滋润。尤其是在干燥的天气，喝水还能帮助我们预防一些疾患的发生。

你的肌肤感冒了吗?

冬天是最难展示美的季节，无论何时要外出，我们都要裹得厚厚的。身体不算舒服，但是只要温暖就好。可是这身盔甲，虽然让身心暖和了，但是面部依然暴露在寒风里。我们是不是考虑过，肌肤会不会感冒呢?

相信大多数女孩对自己肌肤的适应性很有信心，所以外出只露出两只眼睛的女孩并不多。我们发现冬季肌肤最容易出问题，补水后依然很干燥，面部脱皮，发红，或者发痒都以为很正常。其实这个时候，你的肌肤已经感冒啦！空气变冷，肌肤的新陈代谢减慢了，让人的肌肤总显得不“精神”，身体的血液循环速度减慢，人体这个时候对肌肤的保护能力也降低了，肌肤因此而缺乏养分。很多女孩都抱怨，冬季寒冷的空气把脸都冻得暗淡无光了。其实并不是寒冷让肌肤暗淡无光，而是肌肤的微循环比其他节气差了。

当我们从空调制造的温暖环境里走出来，冰冷的风吹在脸上，本来舒适的肌肤像被电了一下，突然将毛孔紧闭起来，生怕再被夺走一点点温暖。我们对此都以为是身体的应激反应，并不在乎。而肌肤始终处在这种被忽视的状态下，肤质越来越差，这就是肌肤感冒带来的后果。

女孩们都知道冬季最应该好好保养，会往脸上擦一些保湿乳液。乳液有一定的防冻作用，但是应对冬季干燥的冷风侵袭，仅仅靠乳液保护是不够的。当脸上的保湿护肤品逐渐干燥，肌肤一样会感冒。

◎平凡而神奇的温水

假如在寒冷的冬季女孩们能记得在每次出门前喝一杯温水，当你出门时暖流正在身体里打转，脸上根本不会有冷意。水在夏天能通过汗液来调节人体的体温，冬季则汗腺关闭，汗液不会流出，温水在身体里循环能起到一定保温的作用。

如果女孩要长时间在外面，应该带一个真空杯，带上一些温热的水，每隔一小时喝一口，能驱散寒气，又能让肌肤保持温暖。

除了面部肌肤的保温外，冬季手是最容易受伤部位。有的女孩戴着漂亮的羊皮手套，但是手指冰凉。羊皮手套如果内部没有保温层或者蓄热纤维，在冬季就起不到保暖的作用。很多得了关节炎的女孩反映，她们也喜欢那种造型漂亮又时尚的羊皮手套，但是戴着在冬季并不温暖，而且太冷的天气还会冻伤手指。羊皮手套不属于奢侈品，但是最适合戴羊皮手套的季节是春季和秋季，气温并不太低，风比较凉。戴着手套会显得时尚，自己又比较温暖。我们千万不能为了外表的美丽，而牺牲温度。手的感觉和身体完全一样，如果在冬季的冷风中你只给身体穿上时尚美丽的薄外套，那么很快就会感冒。手也是这样，手是除了脸以外最容易感冒的部位了。憨厚可爱的保暖手套，能带给你一个冬季完美的呵护，春天当你伸出手，它会依然是那么柔滑细腻。

◎已经严重感冒的肌肤

怎么保养那些已经“感冒”的肌肤呢？首先依然是喝水，确保了身体足够的水分，肌肤才能逐渐恢复修复能力。我们还可以经常来个暖水浴，使冻伤的部分得到温水的呵护。冻伤不会立即恢复，所以我们对待冬季面部发红，手指发痒要有足够的耐心，千万不要因为难以忍受就用手指去搔面部和手。瘙痒难忍的时候正是肌肤修复的时候，我们可以用热毛巾热敷一下，来缓解瘙痒。

远离冬季感冒肌肤，女孩记得一定要适量喝温水，要给手戴上保暖的手套哦。

教主美贴

冬季的肌肤保暖任务，可以交给口罩。如果你从空调屋走进外界，可以戴上口罩，口罩能帮助你保护面部的肌肤。口罩形成了一个保温层，口罩里的温度在进入外界后，在冷空气里慢慢消失，这时面部也逐渐适应了外界的寒冷。口罩的保存和清洁就成了一个大问题，口罩如果污染了，戴上后虽然能够保暖，但是上面残留的细菌很容易进入人的口腔。我们平时使用口罩前，最好先用清水清洗干净，然后在阳光下晒一天，杀杀菌。口罩每天使用，最多不要超过3天，否则口罩上的细菌会成倍增加。虽然帮我们抵御了寒冷，却带来了新的卫生问题。

你该如何呵护敏感肌肤

说到敏感肌肤，大家就会想到夏天肌肤红肿，出现刺痛的感觉。女孩们的肌肤比男人要薄，更容易受伤。敏感肌肤是最经不起刺激的，所以，护理敏感肌肤比其他类型的肌肤动作更轻柔些。大多敏感肌肤的女孩肌肤都很薄，女孩们千万不要以为肌肤薄，能吸收更多的水分和养分就给肌肤使劲补。敏感肌肤最容易上火，补多了不但吸收不了还会长小疙瘩。那你要说：肌肤这么敏感，水多了吸收不了，营养多了长痘痘，怎么办呢？敏感肌肤究竟该如何护理？

◎敏感肌肤去角质要避重就轻

每位女孩都知道肌肤必须去角质，如果不去角质肌肤会逐渐变得灰暗，粗糙，没有光泽。因为角质层是那些已经死亡的细胞组成的，死亡的细胞相互连接在一起，一层叠着一层堆积起来，逐渐变成了一个天然的防护层。这个防护层能帮助肌肤抵御一些紫外线和灰尘的侵扰。女孩们去角质大多是发现肌肤的吸收能力没有以前好了，或者感觉化妆的时候粉底不够帖服。对于油性肌肤来说，去角质可以每月做一次，而干性肌肤两周做一次就可以了。那么敏感肌肤该如何去角质呢？当然也是每月做一次最好了。但是敏感肌肤的角质产生的速度非常慢，角质一般也非常薄，如果使用胶状去角质化妆品，容易祛除得过于干净，使肌肤发红，发痒。所以敏感肌肤去角质最好的办法是用磨砂去角质的化妆品。你可以选择角质比较厚的区域，轻轻地按摩，打圈，自己能掌握好力度，做到避重就轻。

◎化妆品中的刺激成份是敏感肌肤的克星

敏感肌肤在护理中用力不当都会造成红肿和刺痛，我们就该如何减少这种伤害呢？护理过程中尽量避免用手掌直接揉搓面部肌肤，而是用手指在面部轻轻打圈洁面。我们所选择的化妆品也要是非常温和的类型。有四类化妆品是敏感肌肤的女孩购买时要注意的：

1. 不买含有酒精和香精的化妆品。很多化妆品都有酒精和香精成份，但是对于敏感肌肤来说酒精与香精是它的大敌。基本所有的此类产品都不适合敏感肌肤，即使你用的过程中并没有明显的过敏症状，为了保护肌肤，女孩们还是不用为好。

2. 不含防腐剂的化妆品。选择不含防腐剂的化妆品，避免肌肤受到苯甲酸钠等防腐剂刺激。有的女孩发现含有防腐剂的产品擦在脸上，肌肤会变黑，其实这是过敏症状，肌肤受到过度刺激才会变黑。

3. 不含色素的化妆品。不含色素的化妆品现在在市面上很比较少见了，大多数厂家为了增加化妆品的吸引力，都会给化妆品添加色素。而敏感肌肤的女孩最好不要使用，以免引起过敏反应。

另外敏感肌肤的女孩要注意化妆品是否含有氨基苯酸和丙二醇，这些物质都容易引起肌肤发红肿痛。

呵护敏感肌肤其实很简单：自然，自然再自然。敏感肌肤要的就是那种天然的纯净，没有污染，没有刻意的做作。这种温柔的保养，自然的保养，比一切美容书都管用。

教主美贴

肌肤黑白本身并没有关系，只要肤质好，白有白的美，黑有黑的迷人之处。但是敏感肌肤不同，不论敏感肌肤是白还是黑，都非常难护理。所以敏感肌肤的人有更多的注意事项。想要肌肤好，原则上都得从细节护理开始，肌肤就是养出来的。敏感肌肤不能使用含有酒精的化妆水，最好也不要碰那些美白产品。市面上的美白产品，除非是萃取纯天然的成份，否则敏感肌肤比起其他肌肤来说，发生不良反映的几率更高。敏感肌肤并不一定是天生就过敏的，大多是后天使用某些化妆品出现的刺激反映。我们可以通过增强体质来改善这种情况，当身体状况比较好的时候，过敏反映也没有那么强烈。

白肤ABC法则

国外肌肤专家提出了美白保养的基本准则即“ABC”，A即远离阳光，B即涂美白防晒产品，C指戴帽，撑伞遮阳光。其实主要是在提醒，无论你采用什么措施，一定要注意防晒。

我们究竟该如何美白？有多少女孩真正取得了美白的效果呢？肌肤的美白其实并不是一天两天的事情，那些吹嘘效果立现的产品，究竟能否起到美白的效果呢？事实上，美白产品不是绝对的，不能在涂抹上以后就产生美白的效果。肌肤如果28天是一个生理周期，那么美白产品起效果至少需要2至3个生理周期。所以，女孩们，那些渴望通过美白产品立即改变肤色的想法，是不科学的。有效美白的关键在于美白营养成分要能够让肌肤吸收并渗透到肌肤基底层，并在渗透的过程中逐步释放有效成分，让美白养分全面发挥作用。

美白其实很简单，那些肌肤比较黑的女孩，大多是没有注意季节的变化，盲目地进行保养，虽然使用了许多美白化妆品，效果却并不好。另外是我们对化妆品的信赖度不够，用了几个星期，感觉变化不大，就干脆换另一种，结果又相同。那么意味着还要继续换下去。同时，女孩们根据自己的肤质，在每个季节采用不同的保养方式，就能轻松实现亮白。

相信现在依然有许多年轻女孩，觉得年轻肌肤非常水润，整个夏季肌肤暴露在外面也不会变黑。她们认为既然不会晒黑，何必要擦防晒品呢？其实肌肤越白的女孩约容易晒伤，因为白肌肤的女孩肌肤表层的黑色素含量不高，而黑色素对紫外线有一定的防御作用。肌肤白皙的女孩们被太阳暴晒后，即使现在不会变黑，随着年龄的增长，肌肤的胶原蛋白含量越来越少，肌肤因为以前没有好好保养，会出现许多问题。夏季在我们眼中是必须注意防晒的季节，而秋季，很多女孩就开始收起防晒品了。但是很多女孩发现，虽然秋季的阳光没有那么伤害肌肤了，但是却比夏季更容易变黑。这是为什么呢？经过一个夏季炎热煎熬，肌肤一直处于紫外线和骄阳的围困下，肌肤到了秋天就开始疲劳了，恢复能力没有夏季那么好。夏季虽然容易晒黑，但是稍微保养一下，肌肤就恢复了白皙。夏季疲劳的肌肤需要更多水分和营养的关怀，这个时候如果你没有给肌肤大量补水，或者没有擦防晒霜，肌肤很容易变黑。

在我们25岁之前，即使晒黑肌肤的修复能力好，经过一段时间也能自动恢复白皙。而大多数女孩在过了25岁以后，肌肤状况就已经开始走下坡路了。脸上的痘疤，斑点都需要用去角质产品或者美白产品来消除。所以，只要我们25岁以后，肌肤只要晒黑就不会自动恢复白皙了，所以在25岁以后，一定要注意保养。

那么对于那些已经晒黑或者晒伤的肌肤，该如何处理呢？我们的原则就是养。肌肤已经受伤，这时千万记住不要再使劲用美白产品。因为这个时候受伤的肌肤并不能吸收多少养分，反而会给肌肤造成负担。肌肤晒伤以后，要用温热的湿毛巾敷一会，然后再擦上保湿乳液。尽量使用补水清爽的类型。晒伤的肌肤不能受到刺激，所以洗脸只要用温水就可以了，不要用洁面产品。一般晒伤的肌肤恢复需要大概5至7天的时间，如果出门，也要在保湿乳液上擦防晒霜，否则刚有所缓解的肌肤再次被紫外线侵袭。晒伤的肌肤没有好转，又被强烈紫外线照射，很容易产生色斑。

教主美贴

夏季的时候，我们可以买几个新鲜的柠檬放在家里，每天泡水喝，美白效果不错，还有排毒的功效。你也选择晚上贴美白补水面贴，白天擦防晒霜的方法。

牛奶丝滑，美人的艺术

你的肌肤经常干燥吗？你觉得肌肤发黄了吗？哦，看哪，肌肤出现斑点的，还有黑眼圈。忙碌让生活变得没有时间了，我们的美丽都是肌肤带来的，现在肌肤不好了，美丽就不在了。这种观念正好与事实相反了，拥有健康的身心，肌肤才会美丽。相信我吧，肌肤是生长在肥沃泥土上罂粟，只不过肌肤的依赖性比罂粟更强。要是你不相信，可以喝点牛奶试试。

到了夏天，爱美的女孩们都要和紫外线进行战斗。不管你是擦防晒霜还是带着防紫外线的伞，这些防晒方法并不完全能帮你杜绝紫外线。所以，我们要找一种能标本兼治的办法。当你结束了室外活动，喝点水先让身体滋润起来。然后走进浴池，泡个牛奶澡吧。我们不能把牛奶倒进浴缸，这样两大桶牛奶也不够你洗澡，而且牛奶容易污染浴缸，给细菌衍生的机会。我的意思是你可以在浴缸里泡20分钟，轻轻揉搓肌肤，当肌肤毛孔张开，用浴巾把身上擦干。然后涂上牛奶，继续按摩肌肤。十分钟以后，奇迹出现了，刚才晒得有些发红的肌肤，得到了温和的滋养，红色退下去了，而且其他没有被晒的肌肤变得柔滑细腻，仔细看看还白净了很多。

牛奶并不能修复紫外线留下的伤害，要和紫外线战斗，就得跑在它前面。反正你已经知道迟早要被晒黑，不如干脆将美白进行到底。

◎牛奶蒸蛋

现将两个鸡蛋煮得半熟，取蛋黄备用。准备300克牛奶，把牛奶蒸得有些凝固时将蛋黄放进去。蛋黄半熟容易碎，用勺轻轻搅搅，蛋黄流出来渗进牛奶里。起锅后蛋香和奶香融合，不但口味极佳，经常吃还能美白肌肤。

对爱美女孩来说，牛奶是养颜的佳品。当我们在经期，感觉自己的情绪波动很厉害时，可以喝一点温热的牛奶来缓解。最好是脱脂牛奶或低脂的酸奶。牛奶里不但含有钙，镁，锌等元素，还有右旋色氨酸和吗啡等生物化学物质，它们能起到镇静作用。

有的女孩喜欢在牛奶里加些糖，因为即使是全脂牛奶喝起来也并不甜。加糖的牛奶增加了热量，喝加糖牛奶有增加体重的危险。喝牛奶不要煮沸再喝，牛奶煮沸后乳糖焦化，破坏了营养。最好的办法是将牛奶加热5分钟，不要煮沸就拿起来。

◎牛奶美肤DIY

1. 牛奶面膜去皱美白

用冻牛奶洗脸后，再用面膜纸浸上牛奶敷在脸上。牛奶含有丰富的乳脂肪、维生素和矿物质，具天然保湿效果。牛奶很容易被肌肤所吸收，能够防止肌肤干燥，修补干纹。牛奶的美容效果很不错，你也不妨试试。

2. 牛奶泡澡治失眠

睡前喝牛奶，更容易帮助你入睡。而浸牛奶浴也可以治失眠！

牛奶香味能够使神经安定，你可以先将水温调到40度，然后在浴缸里倒进2公升牛奶，开始搅拌，直到浴缸里的水呈现半透明状，就可以开始泡澡了。浸泡时间不要过长，大约30分钟为宜，泡完后神经舒缓，很容易入睡。

注意洗完后一定要把浴缸冲洗干净，否则残余的牛奶会使浴缸出现异味，滋生细菌。

教主美贴

夏季喝牛奶容易腹泻，所以很多女孩干脆就不再喝了。其实喝牛奶腹泻和季节并没有必然的联系。我们在超市里经常能看到购买牛奶的女孩，每次不会买多，三五袋就好。基本上对口味要求严格，但是不看保质期。有的女孩买回来喝了以后，发生了腹泻。这时才会仔细看看，发现牛奶过期了。而夏天天气很热，在保质期内的牛奶也不易放置在有阳光照射的地方。牛奶经长时间光照，牛奶中的维生素会大量受损。同时开袋的牛奶最好尽快饮用，喝不完可以放在冰箱里，但是最好不要过夜。如果牛奶打开后没有喝完，放置在外面2个小时，细菌就会开始繁殖。有的女孩为了追求肌肤的白皙而喝牛奶，但是发现牛奶不好消化，于是就将牛奶煮沸来喝。过度加热牛奶，反而破坏了牛奶中的营养成分。如果感到牛奶不好消化，可以改喝酸奶。酸奶更容易消化，并且营养价值和纯牛奶是相同的。

3

女人会比美也要会学习变美

香水女人的极品宝贝——香型

香水，大概是这个世界上除了钻石以外，女人最钟爱的东西了，难怪国际上称香水为液体钻石呢。女人喜欢给自己买香水，男人乐意给女人买香水。这份迷人的香，就是情调。香水，是制造情调的女王。男人会闻香识女人，女人更能从香水分辨出你的喜好，特点。香水，是女人张扬个性的奢侈品，是女人独特的语言。因为不同的女人用不同的香水，会产生不同的美感。相同的女人用相同的香水，却能产生不同的香味。香水魔幻的奇妙感，令女人沉迷。

漂亮女孩不仅仅要有过硬的化妆技巧，如果说化妆技巧是你扮靓的基础，那么香水的使用绝对是美丽的升华。这种升华将本来只有7分的美丽渲染成了9分。也许彩妆让你显得迷人，而香水会让你充满韵味。建议女孩们常备3至5种香水，其中要有能彰显个性的，增加美感的，体现身材的，对健康有益的，激发情绪的就可以了。香水能否达到这些目的并不在于你拥有多少个种类，而在于找到最适合自己的。

有一位香水的狂热崇拜者，35岁，她的化妆台上，衣柜里甚至客厅的花瓶附近，到处是她的香水瓶。对于我这样从事美容行业20多年的人来说，这种类型的女人还是不多见的。她对香水的热爱，简直到了无以复加的地步。走进她的家，到处弥漫着各种香水的味道，以至于我要经

常走进飘窗，换换空气，否则我的鼻子会感到很不舒服。虽然这些都是像梦巴黎那样昂贵的国际品牌。可是我发现，这里面并没有哪样香水适合她。因为它们的香味太浓，而她却是一位很典雅的贵妇。我想她用薰衣草味道的香水最好。当我问她：你最喜欢哪款香水的时候。她随手都能指出来几十个品牌。我只好问她：你最适合哪一款。答案依然是随眼所见的所有香水品牌。

她几乎成了试香水的实验品，这样做反而使香水变成了主角，显示不出她的美感了。

其实女孩们完全不必为如何选择和使用香水发愁，选择香水有一个最简单的办法，香型是你喜欢的就好了。那么如何才能用好香水，让它发挥最大的作用呢?

当你周末约会，你要用那款你最喜欢的味道，最清香甜蜜，给人浪漫而精致的感觉，你可以选用香奈尔5号香水（Chanel No.5），它能使你显得妩媚婉约。晴天，你心情特别好，可以用一款香味比较浓的类型，用狄娃（Diva），它的气息浪漫浓烈适合时髦浪漫的女人，能帮助你秀出个性。

当你情绪不好，记得给自己喷点葡萄柚香水，据说这种香水有一定的制怒效果。或者欢乐（Joy），它的幽香可增强机体应付复杂环境的能力，还能通过调节身体神经功能来舒缓神经紧张，使你精神振奋。

参加宴会的时候，用哪款最好呢? Anais Anais 是绝对的首选，它完全体现出女人的娇柔，让你显得青春奔放，温柔而婉约，它就像一款香醇的红酒一样醉人，最有女人味道。

当你感到最近总是睡眠不好，那么就用薰衣草香型吧，这种香味能持续淡淡地发挥它改善睡眠的作用。在香气里，你紧张的心情会情绪逐渐放松，慢慢回归平静。

香水是女人化妆的尤物，这种液体钻石的挥发能力很强，平时要注意放在阴凉处保存。有的女孩在使用的时候，会直接喷洒在身上。这种用法可能会造成肌肤过敏，而且直接喷洒香水往往会用过量。

你可以用手指涂轻轻点在想擦的部位，最好是每次用一点点，但是擦在不同的几个地方。

香水大约用到还剩1/3的时候，把香水倒进比较小的瓶中。使剩下的香水保持满瓶，减少瓶子里的空气，这样香水的氧化作用就减缓了，是保持浓度和纯度的好办法。

教主美贴

淡雅的女士香水扑在身上容易让男人心醉，也能让女人感受到更多来自性别的神秘气息。然而这种香味消失得太快，无论你用的是东方系里的激情浓烈香水，还是香型比较持久的西方香水，香水都会随着汗液蒸发掉。想要持久的香，最好泡泡花瓣浴。在泡花瓣浴的时候，你可以选择玫瑰花瓣或者一些香奈儿专用的花瓣浴用品。泡澡的过程中，身体排出了毒素，在肌肤呼吸的过程中又把香味吸收掉了一些。那些有安神效果的精油，花瓣，就是通过这种渠道进入人体发生作用的。想要美人香，你也可以这样泡泡澡。泡澡使用的花瓣一定要是安全无刺激的，否则身体吸收后容易出现过敏反应。经常泡泡花瓣浴，不用几个月时间，你的汗液里也会开始散发玫瑰的香味了。

别人的宝贝可能是你的毒药——秀发使用法则

要想肌肤好，只能靠保养。的确，每天我们的肌肤会遭遇紫外线的伤害，灰尘的侵袭，如果不加保护，再美丽的女人也是容易衰老的。那么头发会衰老吗？会！那些拥有一头直发的女孩，抱怨头发越来越少。那些漂亮的波浪发女孩，抱怨头发越来越干。是不是总有一天，我们将没有秀发可以再SHOW？现在披着一头发质优良长发的女孩越来越少了，很多人都认为烫发会伤害头发。但是烫发本身并不会使头发越来越少。

人种不同，头发的数量也有差别。黄种人，大约10万根左右；金发色头发的白种人头发较细，有12万根；红色头发略粗的人，有8至9万根；棕发为11万根。大约平均每平方厘米内约150根，平常人每天都会掉几根头发，一个人一天掉20至50根头发是正常。每根头发需生长4至7年然后进入休止期，最后脱落。如果你每天掉发超过50根，每超过10根，你的头发将比同一个年龄段的女人稀疏很多。头发越来越少，你不得不面对无卷可烫的悲哀。

究竟是什么令秀发越来越稀疏呢？为了使我们的头发在烫发的时候，能塑造出更多的造型，我们大多都拥有数目不等的洗发水。很少有女孩习惯于用一种洗发水的。而每种洗发水的配方不同，对头皮和头发产生的影响也不同。很多女孩发现，当满怀欢喜地买了一瓶新的洗发水，结果洗完澡，看看浴缸里横七竖八的都是头发。第二天早晨醒来又发现枕头上有大把的头发。这些女孩里是因为同事或者朋友用了某种洗发水，味道好效果也不错，所以推荐她们使用的。别人的宝贝可能是你的毒药哦！当发现这种洗发水不好用，于是立即更换一种，还是不合适，继续换下去。可怜受伤的是我们的头发。洗来洗去发质不但越来越干，头发也越来越少了。

秀发不再，如何美丽得起来？我们每更换一次洗发水，就会给头皮带来不同的物理刺激。因为洗发水的功能不同，PH值就不一样，配方和添加剂也有很大差别。我们的头发大多在更换洗发水后，需要半年的时间才能完全适应。假如你一直用碱性的洗发水，效果还不错。发现另一种酸性洗发水洗的更干净，更清爽。在使用酸性洗发水时，头皮还不能适应，就会产生强烈的刺激，以至于掉发。为了捍卫秀发的生存权利，我们在购买洗发水时，一定记住不要总尝试新品种。买适合自己的两种洗发水就可以了。一种冬季使用，一种供夏季使用。

无论是盛夏的骄阳还是冬季的寒风，都会对秀发产生一定的影响。尽量采取一些防护措施，比如打伞，戴帽子，都能帮助你的秀发不受到过多的伤害。

当使用某种洗发水开始大量脱发，一定立即要停下来。用清水将头皮清洗干净，擦一点橄榄油然后按摩头皮10分钟。下次洗澡的时候，使用以前经常用的洗发水，不要使用使你脱发的那瓶。

脱发让女孩心惊肉跳，你已经采取措施来遏制脱发趋势，想积极修护头皮，你可以每天早上梳头60下，不需要将所有头发都梳理一遍，只是贴近头皮的部分，梳子在头皮上稍微用力来刺激毛囊。

爱护秀发千万别跟风，别人的宝贝可能是你的毒药，使用不当会使秀发脱落，风采不再的。

教主美贴

据调查，秀发美容主要包括烫、染两大块，每年做一次秀发美容的女孩占16%，每年做2至3次的占41%，超过3次的占27%。秀发经过烫染后，一般会更加衬托肤色和脸型。可是你是否考虑过，这些的发丝的承受能力也是有限的。频繁地烫染，使秀发逐渐失去了水分而变得干枯。每个人的秀发吸收能力是不同的，当你的秀发对保养品，滋润护理品都不感兴趣的时候，就是秀发在发出警告。有的女孩发现烫染做完后，头发依然不柔顺，而且洗完也不容易吹干，这是发质受损的表现。其实不仅仅是烫染的过程对秀发有很大的伤害，洗发和按摩不当，也会使头发受损。几乎所有的女孩都发现，美容院在洗发的时候，用力过大。有的服务人员会用指甲用力来抓挠头皮，这样的手法对发根的损害摩擦很严重，甚至可能会直接损害头皮的角质。如果消毒不当，抓挠的过程中指甲划破头皮，还有可能引起感染。如果在洗发的过程中，你感到服务人员手法过重，一定要提醒他轻一些。洗完头可能还会有相应的按摩，本来按摩对头发和头皮都很好，但是手法不娴熟，力度过重，也会使残留在头皮上的洗发水进入到发根和毛囊里，造成脱发的发生。

立即拥有动感双唇

春天不仅仅是肌肤难以保养，嘴唇也非常干燥。有很多女孩感觉嘴唇上起了皮，很不舒服，干脆就撕掉。撕下来嘴唇皮后，没有肌肤包裹的组织其实更容易干燥。假如起皮后不撕掉，涂上唇膏，会不会好些呢？效果很不好，唇膏沾着翘起来的唇皮，嘴唇显得凹凸不平，近看以为嘴唇生了什么毛病。很多女孩碍于雅观，认为还是将唇皮撕掉的好。

其实，撕掉唇皮不但不能消灭嘴唇起皮的问题，而且，撕开唇皮会撕裂嘴唇肌肤周围的组织，使得撕裂的边缘变得干硬，很快也会皲裂。想拥有动感的双唇，你一定要克服那几分钟的“黑色时光”。我们先用温水洗净嘴唇，然后蘸一点保湿乳均匀涂在唇上。在保湿乳上贴一层唇膜。唇膜会使擦在唇上的保湿乳挥发得慢些，这样可以让唇吸收更多的水分。这种润唇方式很简便，而且效果很好。等5分钟后，你揭开唇膜，会发现嘴唇硬硬的干皮已经变软了，这时，只需要你轻轻用手指搓过去，就能将嘴唇已经死亡脱落的组织取下来，又不伤害嘴唇整体的肌肤。嘴唇得到了好的滋养，会逐渐恢复的。

有些明星喜欢刷牙前用牙刷蘸水来刷双唇，这样能够帮助去掉唇部比较厚的角质。唇部的角质一般比脸上出现得更快，嘴唇的肌肤很薄，可能会2至3天就起一层比较厚的角质。假如你不去角质，嘴唇会显得比较粗糙。用牙刷刷嘴唇的方法，能使嘴唇显得比较柔软。但是刷的时候力度不要太大，否则会伤害娇嫩的唇部肌肤。给唇部去角质的最好办法是磨砂去角质。你可以用中指或者食指在嘴唇上轻轻地按摩，磨砂过的地方，嘴唇变得很柔软，颜色娇嫩极了。给唇部去角质不要太勤，10天做一次就可以了。如果一段时间女孩发现唇部角质比较多，也不要经常去角质。唇部因为干燥形成的角质，你可以多喝些水，否则当你去掉角质，因为缺水新的角质立即就出现了。而唇部的肌肤如此娇嫩是不能每天都做去角质保养的。

很多女孩发现冬季嘴唇最干燥，而且缺乏弹性。即使去过角质后，嘴唇依然不够滋润。这时你可以选择橄榄油来对付这种不是因为体内缺水，而是大环境干燥造成的角质。橄榄油有很好的滋润作用，对给唇部保湿来说是再好不过的选择了。你可以在唇部非常干燥的情况下，涂一些橄榄油在唇部，然后用唇膜贴在上面。用手指来按摩嘴唇，促进嘴唇对橄榄油的吸收。橄榄油不油腻对肌肤的滋润作用非常明显，当15分钟后你揭开唇膜，会发现双唇不但恢复了弹性，而且色泽非常红润。这是在按摩的过程中，促进了嘴唇对橄榄油里养分的吸收。

想要拥有动感双唇，一定要记住几个要领：

1. 任何时候都不要用舌头舔嘴唇。很多女孩发现嘴唇很干燥，就用舌头舔一下，想滋润一下嘴唇，却发现舔完后嘴唇更加干燥了。这是因为在你舔完嘴唇，唇部出现了滋润感，滋润的感觉很快就没有了，因为唇部水分在蒸发。蒸发的时候还会带走嘴唇内部更多的水分。所以嘴唇是越舔越干，甚至舔嘴唇也能使嘴唇干裂。

2. 任何时候不要用手去摸嘴唇。我们喝水吃东西都要经过嘴唇，嘴唇每天会有不少灰尘，所以每次吃饭的时候最好是用餐巾纸将嘴唇擦干净，再进食。无论什么时候，最好不要用手去摸嘴唇，因为手指上有许多细菌和汗液，摸嘴唇的过程中这些细菌和汗液沾染了嘴唇。而嘴唇又是最容易干裂的器官，如果手指有汗液，嘴唇的肌肤碰到这些汗液，很快就收缩起来，变得了干皮。汗液的主要成份是盐分，嘴唇对盐分非常敏感，一点点盐分就能令嘴唇干裂。而经常摸嘴唇，会影响嘴唇的自我修复能力。

想要拥有动感双唇，一定要戒掉这两个坏习惯哦。

教主美贴

双唇的滋润离不开每天精心的护理，在嘴唇非常干燥的时候，涂口红会使嘴唇显得非常干燥。所以在涂抹口红前，最好能用一款滋润效果比较好的唇膏。凡士林也能够滋润嘴唇。假如某个季节唇部干裂脱皮，可以在夜间唾沫一些唇膏，只要唇膏的成份里含有金盏草及甘菊精华，就能对唇部起到滋润作用。双唇是否莹润，很大程度上与身体的供给有关。假如你经常吃东西上火，那么唇部自然就会受到严重的影响。可能会长出一些痘痘，甚至破裂。嘴唇的肌肤很薄，很容易受伤。在我们更换唇膏之前，最好弄嘴唇现在的状况，不要盲目追求美丽加重嘴唇的负担。每年的春天要翻检一下自己的包包，把那些快用完，而且时间长了的唇膏丢掉，买一款新的替换它。

做个画眉的高手

好的脸型配合好看的眉形，能给脸庞增色三分。想要画出好美型，要根据眉毛的生理周期进行。眉毛的生长周期分为：生长期，休止期和脱落期三个阶段， 生长期是2个月，休止期大约半年时间，然后就会自然脱落。我们的眉毛生长速度会受到性别、年龄、季节影响。眉毛夏季比冬季长得略快，女孩们夏天需要3天修理一次眉毛，冬季则修理得少些，大约5至7天才需要修理一次。眉毛要依靠毛囊周围的血液循环供给的营养生长。除了营养的供应外，眉毛还要依靠神经系统和内分泌的调节才能长得好。眉毛的粗细，整齐与否都影响画眉的效果。

◎描眉前

女孩们在描眉前要把眉毛梳理一下，如果你的眉毛比较大而粗，需要先用眉钳拔掉那些长得比较乱的。注意，要顺着眉毛生长的方向拔，否则容易破坏毛囊。修理的时候，可以自然地顺着眉形走。如果你需要将眉形挑高，尽量将眉毛上线的部分沿着眉形修理好。修理好的眉毛大致都朝着一个方向，在画的时候，也要沿着这个方向化。眉笔的选择要能以衬托肤色为最佳。画眉上排的眉毛自上而下化，下排的眉毛自下而上化。如果你的眉形修理得好，可以在眉毛中央沿着眉形化一条弧线，然后再逐渐用眉刷扫开。自己描眉常常会出现两边眉毛粗细不同，长短不一的情况，这是描眉最大的忌讳。

◎不同脸型的描眉

眉毛粗细适度，比较秀气画起来不需要太多的功夫，因为画眉的最高境界是“化如不化”。就是化完眉毛却没有让人发觉你化过，但是化眉后你

的确比没化时漂亮多了。如果你的眉毛比较好，那你只要选择眉形，让它达到衬托你的眼睛更明亮和脸型更美的效果就行了。瓜子脸的眉型比较容易修饰，你可以蜻蜓点水地顺着眉毛化成弯月的形状，要化得比较细，使瓜子脸更加千娇百媚。圆脸最好沿着眉型上限化，将眉型稍稍挑高。如果化得低，沿着眉型下线化，就会显得脸比较大而短。脸型比较长的人，留齐刘海，可以将眉毛遮住，或者画眉的时候水平眉最佳，显得比例更好些。方脸的人不要描太粗而长的眉毛，尽量描得细一些，可以弯度大一些。三角脸可以将眉毛描得粗一些，不要用刘海遮住额际，否则比例显得脸下半部分更宽。倒三角的脸型眉毛尽量描得细一些，不要有太大的弧度，这种脸型可以修平直的刘海，但是不要遮住眉毛。

女孩们不需要遵循太多的规矩来画眉，你可以尝试不同的画法，找到最适合自己的一种。画眉的技巧很多，如果你在美容的时候，请美容师为你画眉。她们会目测一下你的眉长，想办法把给你修成：眉尾尖与外眼角平齐的造型。因为在脸上，对称的造型比杂乱无章更好。

◎女人要不要眉峰

有的女孩问我，女人究竟该不该化眉峰。我们看到那些画过妆的女人，大多是弯弯的眉毛，修剪得弧度非常美。但是事实上，这种眉形并不适合所有的人。如果不同的脸型，不同的性格，如果都化那种弯月眉，这种眉形就变成了最没有个性的类型了。我们可以从眉头到眉尾先顺着眉形走，到眉毛的2／3的地方画出眉峰。我们说要化眉峰，不是为了过分张扬个性，所以女孩们的眉峰不要太突兀。有眉峰会显得人更加精神。眉峰衬托下的眼睛，更显得充满自信。

画完眉毛不是就万事大吉了，因为画完不用三五分钟，新问题就出来了。修理好梳理顺的眉毛，画完后再梳一下，你会发现有的眉毛露出很长的眉尖。我们要用眉剪把长出来的修剪平整，就像修剪花枝一样。这些长出来的眉尖不修剪，会破坏这个眉形的美观。

最后一步是使用眉刷，眉刷沾上眉粉后先在面纸上轻拍几下，抖掉过多眉粉，然后再顺着眉毛生长方向画，呈现的眉形就会很自然。

画眉的作用有多大？它能帮女孩们衬托美丽的眼睛，改变脸型的直观感觉，还能体现女孩的气质和个性。如果你是个画眉高手，你完全可以尝试不同的眉形带给你的不同风采哦。

教主美贴

画眉和绣眉各有好处，很多人的眉毛比较淡，有的比较短，看起来不够漂亮，大多都会去美容院做绣眉。美容师会给你设计一个造型，参考你的意见绣上去。做好后刚开始你一定会感到非常高兴，变美居然这么简单，科技进步带来的巨大进步，你享受到了。可是，绣眉毕竟不是自己的眉毛，绣眉和去掉绣眉都很痛。另外，如果过段时间你发现新绣的眉毛美型和脸型不“配套”，再修改起来就麻烦了，而且如果消毒条件不好，很容易引起感染。基本上绣眉会在2至3年后全都没有了，一旦绣眉，你就会隔一两年就去做一次。

而画眉是每天的功课，如果你手法娴熟，想画出成熟女人的韵味，可以选择画眉的时候，把眉峰的位置往后延一点。然后在眉毛梢那里向外侧画一点，这样的眉毛看起来修长细致，整个脸显得柔和自然。

4
要吃对保养品

造美的女巫匣子里的圣物——花粉

花粉作为美容品，在世界美容史上有着重要的地位。服用花粉美容的美女贵妇数不胜数。

花粉美容是一种纯天然的美容品，没有任何副作用，造美的女巫为我们找到了它们，女孩们怎么能放弃这个美容法宝呢?

女巫的法宝和平常人当然有很大的区别，平常的美容品只能让女人的容颜变得娇嫩，光洁，但是没有那种美容品像花粉这样，被女人追捧了几千年，依然长盛不衰。美人最怕的是容颜衰老，而花粉，却能使美人容颜常驻。这个神奇的法宝在日本被称为“吃在口内的美容品”，在国际上被誉为“美之源”。

花粉能调节肌肤的新陈代谢，促进自由基和脂褐素等代谢废物排出。花粉能提供给细胞各种营养，保持表皮细胞的活力和再生能力。花粉还能调节人体的内分泌，改善肌肤粗糙，痤疮和色斑。在女人的世界里，不会用花粉，就等于不会美容。

另外，蜂花粉的美容效果很明显，能够全面调节人体内分泌系统的平衡，改善肌肤细胞的活力，增强肌肤的代谢机能，防止肌肤粗造、衰老，防止面部色素沉着，使肌肤滋润、洁白、有光泽，富有弹性。

教主美贴

花粉的作用：

1. 防治心脑血管疾病、降血脂、调节神经系统、促进睡眠、调节胃肠系统功能、促进消化、对习惯性便秘有治疗作用。

2. 能帮助我们调节内分泌、提高肌体的免疫功能，还有抗衰老、改善性功能的作用。

3. 具有明显的防癌和保肝护肝、防止贫血、糖尿病、抗疲劳等作用。

让女巫在你的脸上舞蹈——花粉的美容大法

◎养颜

花粉能促进新发生长，花粉含有94种活性蛋白酶，能够促进肌肤对营养的吸收，并含有SOD、花粉磷脂、维生素E、维生素C等，能够抑制黑色素生长，美白肌肤。其中，VE有抗氧化作用，能延缓肌肤氧化作用，减少雀斑的形成。花粉富含胱氨酸和色氨酸，能防止肌肤粗糙，给肌肤补充胶原蛋白，使肌肤细腻有弹性。花粉给真皮细胞补足了充分的营养，加快肌肤细胞的新陈代谢，长期服用花粉，人会显得比较年轻。

◎蜂花粉抗衰，赢得持久美

有很多女人专门选择服用蜂花粉，服用蜂花粉后，身体各系统功能得到了改善，脸上的色斑也不见了。机体衰老也明显地减缓了。蜂花粉里含有硒，硒能抗癌，还能减少过氧化物的形成起到抗衰老作用。同时，蜂花粉里含有大量的核酸，核酸是人体不可或缺的，它也能够促进细胞再生，延缓人体衰老。

另外，吃花粉对经常便秘的女人来说，是最好的选择。蜂花粉治疗便秘效果显著，服用花粉排便间隔缩短，排便时间明显缩短，粪便软化，便量增加。花粉调理便秘，在服用花粉治疗便秘期间，还不会出现腹泻现象。

别着急，先弄清楚怎么吃——用法用量决定效果

◎食用花粉

为了不影响人体对花粉的吸收，女孩们最好能饭前空腹食用花粉，每天早晚各一次。

如果你的肠胃非常好，那么吃没有破壁的花粉也行。但是对于那些肠胃功能稍微差一些的女孩，建议服用破壁花粉，便于吸收。服用花粉的时候最好用温开水吞服，每次5克至10克，

如果你希望味道更好一些，可以加些牛奶或者蜂蜜。直接食用花粉能帮助你减肥，促进头发生长。而且吃一段时间以后，你会发现脸上的痘痘痤疮都不见了。

◎涂抹花粉

有的女孩问我，涂抹花粉的效果是不是比服用花粉差呢，会不会浪费太多？20多年美容师的经验告诉我，涂抹花粉和饮用花粉其实目的是

不同的。假如你的面部有太多的雀斑，黄褐斑，那么建议你采用涂抹的方法祛除。因为服用花粉并不直接作用于面部这些有“缺点”的地方，而是使人在整体上得到调理。当然，涂抹花粉有一定的技术要求，女孩们必须选用破壁的花粉，因为我们的肌肤表面水分并不多，如果直接涂抹上花粉的营养成份不容易释放出来。采用破壁的花粉，营养成份就能直接和肌肤接触了。

花粉面膜DIY

◎改善肌肤粗糙

材料：破壁花粉30克

蜂蜜30克

均匀调成浆状待用

方法：用温水洗脸以后，擦干。把调匀的制剂均匀涂抹在脸上。每天隔一天做一次，每次不超过30分钟，做完后用温水把脸洗干净。

效果：吸收好，能使粗糙的肌肤变得细腻柔嫩。

◎改善肌肤干燥

假如你的肌肤很干燥，还有一些雀斑，那推荐给你一款保湿美白祛斑的面膜制作方法：

材料：鸡蛋黄1个

蜂蜜30克

破壁花粉30克

苹果汁15毫升

均匀调成糊状待用

方法：用温水洗脸以后，擦干。把调匀的制剂均匀涂抹在脸上。每天隔一天做一次，每次不超过30分钟，做完后用温水把脸洗干净。

效果：能使肌肤滋润，有增白和祛斑的效果。

教主美贴

花粉减肥有新招：

目前减肥效果最好的方法依然是锻炼，但是如果女孩能配合吃一些花粉，减肥更能事半功倍。据了解，很多女孩肥胖的原因，除了先天的基因和吃进过多的热量外，大多都有维生素B摄取不足的现象。维生素可以说是身体脂肪转化成能量的媒介物，缺少维生素B最容易导致肥胖。而花粉含丰富的B族维生素，可以使脂肪转化为能量得以释放，导致脂肪减少，从而达到减肥的效果。

第6章 保存童颜美肌的方法

1 天然童颜美肌的保存

魔镜魔镜，我还能年轻几岁

最理想的女人容貌，是看起来比实际年龄小3至5岁，但是做到这一点并不容易。很多女孩反映，有时候自己更显得比实际年龄大，这是保养措施不利的结果。现在越来越多的俏佳人活跃在舞台上，从外表看我们很难猜到她们的年龄。因为那一张白白的俏脸，神采奕奕的眼睛，配上一张能说会道的小嘴，似乎她们的年龄永远停留在了十七八岁。事实上只要靠近她们，我们发现肌肤保养再好的女孩，三十多岁以后耳廓都会有隐隐的纹路，再仔细看看脖子，脖子是最容易暴露年龄的地方了。大多数漂亮的模特甚至明星，对这一点也会显得有些无奈。面部的纹路容易去掉，但是很少有美女在做面部护理的同时，为脖子也贴上一片去皱贴。

耳后肌肤和脖子的保养可以一起做，我们要养成一个整体保养的习惯，不要单单丢下耳后和脖子肌肤的保养。

◎整体保养解决耳后干

耳后干主要原因是缺水，补水成了首要问题。无论早晚，当我们洗完脸后，会给肌肤补水，补水的时候，别忘记给耳后也喷洒一点。耳后的肌肤不能像面部那样拍着让水吸收，我们可以同时以食指、中指、无名指3指之指腹由上往下按压。不但能使局部肌肤得到按摩，而且增加血液循环能使肌肤皱纹减少。

耳后肌肤的保养并不是立即就能见到功效的，造成耳后肌肤皱纹的主要原因是睡姿。

大多数女孩对睡姿没有太多的讲究，怎么睡觉舒服就怎么睡。平躺着睡不解乏，不容易休息好。俯卧式睡觉对身体没有好处，而且阻碍呼吸。俯卧式面部基本上都贴在枕头上，早晨起来面部鼻子，眼睛周围都会有严重的压痕，是最不可取的睡眠方式。 而大多数女孩都懂得人应该靠自己的右侧睡，靠右侧睡不压迫心脏，能保证好的呼吸。 这种睡觉姿势最好，但是睡的时候要注意，我们是不是把耳朵完全压在下面，或者有半边右脸贴在枕头上呢？这样每天早上睡醒来，耳后有几条红印记，年复一年地加深。有的女孩二十出头，耳后就有了几道深深的“刻痕”。

究竟应该怎么睡，才能又保证睡眠，容颜又能保持呢？

还是侧着睡，但是不要直接把耳朵压在下面，而是用耳后的枕骨睡。这样既不会让脸部肌肤紧贴枕头，耳朵也不会遭到“压迫”，皱纹从何而来？

◎颈部护理

有的女孩说：“我们每天无论做什么，脖子总是在左右转动，这么说脖子上的肌肤和腿上的应该一样，不容易长皱纹才对。”事实上脖子上的肌肤也是很娇嫩的。大夏天如果我们防晒不当，脖子有可能比脸还晒得黑。很多女孩经常在电脑面前，一待就是几个消失，脖子保持僵硬的姿势，血液循环非常不好。而且，头颅一般都有1千克以上，细细的脖颈支撑着很容易感到疲劳。所以脖子也会衰老得比较快。

我们经常见到有位女孩脸白皙漂亮，脖子却比较黑而且肌肤粗糙。很明显，我们过于重视面部的保养，而忽视了脖子这个衬托“鲜花”的“绿叶”。 脖子的保养和耳朵一样，在化妆水喷洒完以后，分一点给脖子，包括乳液，也是脖子需要的滋养品。

假如女孩的脖子长期得不到保养，肌肤已经有皱纹，那么在擦乳液的同时，你需要做做保健操了:

先将脖颈充分地向后，让颈部深深地弯屈，然后再向前低垂达到胸部，尽量让头部和胸部达到平行。然后向左右两侧转动脖颈，使它的侧面肌充分得到伸展。再用头部画大圈带动脖颈，向右转完，再向左转。最后用一手抱头轻轻下压，另一手摁住下巴，重复做10次。

◎颈部做按摩

颈部按摩不仅能够舒解疲劳，还能促进颈部的血液循环。按摩方法:

在颈上涂抹一些乳液，双手由下往上，手指稍稍用力往上提拉颈部中间松弛的肌肉。按摩过程中会有一点酸胀感，是正常的。按摩完中间的肌肉，将头侧向一边，然后用双手指腹施加压力，从颈部下面的肌肉开始往上按摩，一直到达而后部位为止。

女孩们可以在每天晚上睡觉前做按摩，这些方法对预防颈部的细纹，很有好处。但是按摩过程中不要急于求成，用力过大会损伤肌肤。

教主美贴

想年轻的愿望多么美好，年轻的时候我们没有发现青春原来如此可贵，大多数人都是接近30岁的时候，开始感叹似水流年的。除了微笑，能让人年轻的方法很多，我们来看看这些让你年轻的十分加分法则：

每天笑一次，降低血压，减少不良情绪，能让你年轻1岁；

三餐定时吃，只吃七分饱，爱喝水，不多吃油腻食物，能让你年轻1.5岁；

和谐美满的性生活，促使身体激素保持平衡，能让你年轻1.5岁；

每天睡眠充足，出门快步走20分钟，能让你年轻2岁；

能多吃蔬菜，水果，炒菜用橄榄油，年轻3岁；

每天喝一杯红葡萄酒，能保健，年轻1岁。

想年轻10岁吗？用化妆品只能修饰你的美丽外表，真正年轻还要靠好习惯帮忙。

酒美人肌肤更健康

酒现是在最流行的奢侈品，品酒对时尚生活来说不可或缺。酒能带来更多的话题，酒让生活更加罗曼蒂克。越来越多的女人发现，红酒不但滋味好，而且喝了对身体有保健作用。

据美国的一项新研究表明，每天喝一杯红酒能够提高女人的记忆力。而每天喝两杯酒的女人比每天一杯也不喝的女人智力测验高20个百分点。适度的饮酒能限制颈动脉内的血脂肪块的沉积，保护智力。

另外从现代的医学研究数据也能看出，喝葡萄酒和啤酒对健康是有好处的。美国哈佛大学医学院科学家对2400名长期坚持喝酒的糖尿病患者进行观察后发现，每天喝1至2杯酒，竟可以将患心脏病的可能性减少36%。对于女人来说，只要每天喝酒不超过两杯，还能预防糖尿病的发生。现代基本上所有的人都知道红葡萄酒对健康有益，喝葡萄酒既能帮助预防心血管病，还有防癌的作用。

◎酒调出的红晕

除了对身体的好处外，女孩们恐怕最关心的是酒对我们的容颜有哪些好处了。

不管是红酒还是白酒，黄酒，饮用以后能很快被肌肤吸收。酒精进入血管以后，使毛细血管扩张，血液循环加速，血液向肌肤输送的养分更多了。这时，女孩们的脸上泛起了一圈红晕，增添了不少妩媚，适量地饮酒，对女孩们的健康有好处，还能养颜呢。

◎酒驱走了烦恼

酒对那些容易掉进烦恼和焦虑陷阱的女孩，是很有帮助的。美国精神治疗专家斯蒂芬博士表示，现代女人所承担的责任越来越大，这就迫使她们要不断地提高自己。在竞争如此激烈的社会，任何压力都可能引起焦虑。当烦恼吞噬你的美丽容颜，当你看到的满眼是悲伤，悲伤之色停留在面部。人无法承受长期的恶劣情绪，会导致人的行为失去良好的控制。很少有人能迅速调整好情绪，这时我们的确要借助外力的帮助。

当心情不好，又无人可以倾诉，很多女孩会去喝酒。这时的喝酒，是想买醉。从心理角度说，饮酒能够缓解女人常见的焦虑，给她们以轻松的心情。想想只要喝醉了，能忘记现实的不快也是好的。但是醉酒伤身，醒来依然要面对现实。酒的好处都是在适量的基础上说的，无论如何，过量饮酒会使人的食欲下降，厌食，使身体缺乏营养元素。喝醉后人的情绪容易失控，容易导致事故和暴力事件。

掌握喝酒的度，能消除烦闷舒缓情绪，又要保持大脑的清醒，使心理得到调整。这样酒劲过去后，心情已经得到了放松，再思考令人烦恼等问题时，心理上已经有了一个缓冲。

独自喝酒容易喝成闷酒，如果女孩的自制力并没有想象中的那样好，那么最好能邀请几位朋友一起坐坐。有朋友的陪伴女孩的心灵能得到安抚，即使打算一醉方休，也可能在朋友的劝说下放弃。人多气氛好，当举杯饮酒时，就是烦恼消散的时候。可以选用产自日本和韩国的清酒、杏酒、梅酒。这些酒不是为了追求甘醇的味道，而是让人在饮酒的同时，也能欣赏到酒器和酒色的美妙。法国女人每天早晨要喝一杯玫瑰红葡萄酒来，她们用这种方法来保持肤色红润，她们认为芬芳的玫瑰红葡萄酒能达到美容目的。普罗旺斯的玫瑰红葡萄酒，更是口感美妙极了，喝之前要先放进冷柜冰镇后喝，味道沁人心脾。

◎酒适合会品味它的人

并不是所有的女孩都能饮酒

我有一个朋友她从来不喝酒，但是碰到非常会劝酒的人，推辞不过去就喝了两杯。会喝的人喝两杯没有任何感觉，但是她却感到头晕，脸上泛起红潮，看似已经喝醉了，我们都笑她没有酒量。喝完第二天她发现脸红痒，仔细一看长满了细密的小红点。到医院一看是酒精过敏。没有必要吃药，但是肌肤的小红点下去后，开始脱皮才好起来。这类女孩的体质属于酒精过敏的类型，要禁止喝酒。有的女孩并不容易发生酒精过敏的症状，只有喝得过量，才会发生酒精代谢困难。喝红酒本来是很好的享受，女孩们要把握住度，不要把快乐的事情当做负担。

特别是那些认为酒非常难闻，难喝的女孩，尽量别喝酒。你享受不到那种乐趣，反而给自己添堵。我们有时候不必附庸风雅，拥有自己的快乐是最好的选择。

教主美贴

葡萄酒的甘醇与美味，带给人很多享受。其实葡萄酒还是一种年轻态饮品，因为葡萄酒里的萃取物，能够控制老化。人随着年龄的增长，肌肤上岁月的痕迹和斑点越来越多。而那些喜欢喝葡萄酒的人，肌肤相对比较细腻。有个研究发现，在农田中从事体力劳动的人，因为紫外线的照射，肌肤逐渐变得粗糙，黑色素产生而引起的黑斑，皱纹，都不容易去掉。而当他们依然在农田劳作，但是采用一些防护措施，同时每天喝3杯葡萄酒。半年以后，大多数人的肌肤状况都有了很大的改善。他们的肌肤大多变得柔软细腻，没有以前那么粗糙了，面部整体看起来年轻了许多。西方女人现在大多会采用葡萄酒来保养肌肤。

降低白发的恐慌

安妮从化妆室里冲出来，手上拿一根白发：“OH，MY GOD！我长白头发了，可是我是85年生的啊，我妈妈的头发还没有白呢。”我们不约而同站起来，却不知道怎么安抚她。别管是西方人还是东方人，年轻的你可以拥有金色，红色，黄色，甚至花色纷呈的头发，但是一旦年老的时候，白头发是所有人衰老的象征。虽然每个人都会衰老，但是任何人感受到自己的衰老信号时内心都是很不平静的。第一根白发，对那些营养不良的人来说，是疾病的信号；第一根白发对那些长发飘逸的女人来说，是一种无声的打击。

出现第一根白发，意味着后面的时光会出现第二根，第三根……世界上迄今为止没有任何技术能够控制人长白发。据美容院的资料显示，几乎所有的女孩在发现白发后，都会前来咨询如何延缓衰老，改善身体的功能。对于那些年轻甚至不到三十岁的女孩，发现白发令她们感到非常恐惧。虽然那些补血乌发的补品并不可能彻底改变过早衰老的症状，但是能帮助我们缓解衰老。女孩们还有一个不希望自己长白头发原因：

影响美观。

年轻美女为何会白头?

正常人从35岁开始，毛发色素细胞开始衰退，那些20多岁头发就白了的人，是因为毛发的色素细胞功能提前开始衰退了，当衰退到完全不能产生色素颗粒时，头发就完全变白了。造成头发色素功能提前衰退的原因很多:

营养不良造成的。有的女孩挑食，为了减肥不吃早餐，身体缺乏蛋白质、维生素以及某些微量元素等。

慢性疾病造成的。一些慢性疾病造成营养缺乏，人的头发也比一般人的要白得早些。

悲伤焦虑情绪过度造成的。失恋或者情感的打击，过度焦虑、悲伤等严重的精神刺激或精神过度疲劳，人会发现头发也白得很快。

拔掉第一根白发是女人的“专利”，这类女孩认为:白发拔掉就不会再长出来，但是困惑于白发多了总不能都拔掉吧，只好加入了彩发行列。另一类女孩持反对意见，认为白发会越拔越多，没办法只能慢慢习惯。究竟谁的观点是正确的呢?

头发拔掉了，只要不伤害毛囊，肯定会长出来。至于拔掉了长出的是不是白发，那要看色素细胞分泌功能是不是正常。拔掉一两根白发对发根没有什么破坏能力，但是拔的数量多而且频繁，有可能会损伤毛囊，白发不是越拔越多而是越拔头发越少了!

无论是国际影星还是天下名人，都或早或晚会长发白。那些修炼得精致美貌的资深美女们，大多都是在女人的“细节”上下足了功夫的人。

“治理”白发，打赢白发战争，女孩们先要把心态放正，多多掌握技巧。

头发爱吃什么——投其所好做保养

大多数女孩出现白发的主要原因是精神压力太大，挑食造成营养不均衡，身体里微量元素的含量不足。

1. 心态是关键

乐观的心态是女人必备的修复武器，当女孩整天被伤心痛苦之事压得喘不过气，身体的脏器功能会逐渐下降。长期压抑会造成面色萎黄，头发干枯或者白发早生。调节情绪，无论什么时候，都不要让自己的心理产生绝望。绝望是杀死娇媚容颜的毒药，当绝望的人醒悟过来，容颜已经衰老了，白发大把的生长，仅仅通过保养想让它们恢复青春风采是不能实现的。

2. 营养是根基

女孩们如何才能维持正常色素的营养，使白发的到来推迟再推迟呢?

◎维生素的妙用

维生素是女孩们护颜的第一管家。维生素中的烟酸、对氨安息香酸、胡萝卜素、枸橼酸等，都对形成色素和新陈代谢有着重要的影响。假如它们在吸收、贮藏、利用等方面发生障碍或变化，头发就会开始变白。补充维生素，要多吃富含维生素B1、B2、B6、烟酸等的食物。女人25岁以后，建议每天服用一片复合维生素片。

◎补充微量元素

微量元素虽然在身体里的含量非常少，但是长期缺乏微量元素也会导致头发干枯变白。

蕃茄、马铃薯中含有一定量的铜、铁等微量元素，给身体补充微量元素对防止白发有积极的意义。

少吃色素食品和富含人工添加剂的食物，对于烧烤和油炸食品食用也不要太频繁。

3. 增加局部运动——按摩头皮

女孩们不管是已经长了白发，还是担心白发发生，按摩头皮都是一个养颜的方法。按摩头皮可以选在最方便的时间：早晨醒来时和晚上睡觉前。按摩要顺发而按，不要逆行，逆行会使局部头发受到损伤，经常逆行按头发会越来越少。用十指先揉搓头皮，从前额往后揉搓到头顶，然后再从两耳上方揉搓到颈部。这种按摩方法可加速毛囊局部的血液循环，使毛乳头得到充足的血液供应。色素细胞营养得到改善，细胞活性增强，分裂加快，有利于恢复色素细胞的分泌。

4. 梳头美容法

梳头其实和按摩如出一辙，都是物理按摩法。勤梳头，能保持头皮和头发的清洁，加速血液循坏，增加毛孔头的营养，达到防止头发变白的效果。梳头时手法不要太重，适度的刺激比过激要好。过度刺激会损伤头皮，使头皮经常出现头皮屑，得不偿失。

洗澡的时候使用温和的洗发剂，呵护秀发。头发很湿不要梳头，防止头发大量掉落。

现代医学比较发达，如果对于秀发要求非常高的女孩，可以进行毛囊移植，改变白发的苦恼。

教主美贴

出现白发并不一定全部是衰老在作怪，除了一些遗传方面的原因外，还有很多精神，疾病和饮食方面的原因。遗传的因素并不能逆转，我们只能通过一些保养措施，使白发逐渐减少。而生活在过度忧虑中的人，容易掉发。经常忧虑过度，受到惊吓，人的神经总是高度集中，无形中消耗了过多的血液，引起头部供血不足，就产生了白发。有的女孩很年轻，却突然发现头上有许多白发，这种现象可能是某种疾病造成的，需要就医来解决。最常见产生白发的因素是偏食。偏食的人可能摄入过多的高脂肪食物，饮酒过度，破坏了血液循环和黑色素分泌的规律，过早产生白发。而健康的人出现白发一般在30岁以后，40岁才会发现白发越来越多，是正常的衰老现象。

做好抗衰的第一步——护脑

拥有漂亮的五官，性感的身材，从外表看似乎已经很完美了。可是当你遭遇到这样的事情，将会一定程度影响你的审美观:

银行派到公司来推销证券的美女，那称得上完美的五官和非常礼貌的声音，顿然赢得了大家的好感。她的能力很强，表现的得体，非常聪明。这次项目进行都很顺利，一小时后协议签好了，正好到了午餐世间。公司经理礼貌地邀请她吃饭，这是公司的规定，不能让人饿着肚子从公司走出去。

正在大家一起进电梯的时候，这位美女感觉头晕极了，经理很礼貌地将她扶回公司休息室。美女好转以后被送回到了医院，没有查出任何疾病。她自己只说感到很疲劳，这种状况持续了好几年，最近由于业务非常繁忙，所以头晕乏力的事也经常发生。一位美貌的女人，拥有令人羡慕的外表，身心却难以支撑这种美丽。就像一棵纤细的树干，却开出了巨大的花朵一样。

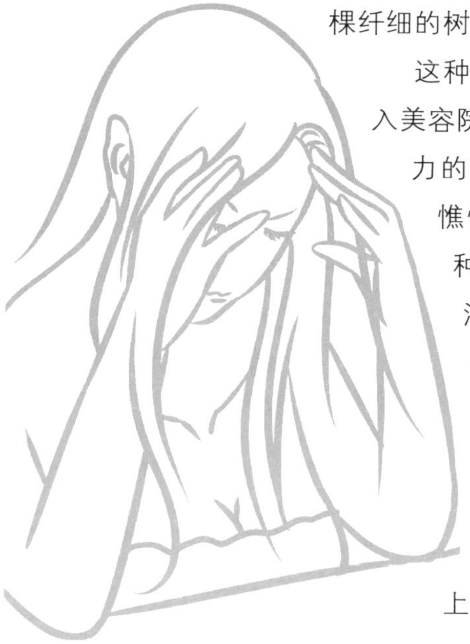

这种情况在女人中非常普遍，十个进入美容院和健身房的女孩，九个有头晕乏力的症状。从美容院和健身房出来，憔悴消失了，乏力不见了，可是这种疲劳的症状却不会消失。保养治标不治本，有谁能靠外表的保养改变身体的状况呢？护脑已经是美女们必须要做的首要大事了。疲劳的身心给让大脑得不到片刻休息，体力下降，脑力也随之下降。在疲劳这条路上，更多的人注意到身体的养护，却忽略了大脑更需要营养。而大脑超负荷运转，精神压力长时间积蓄，妨碍了大脑细胞对氧和营养的及时补充，又会导致内分泌功能紊乱，交感神经系统兴奋过度，植物神经系统失调。当你出现记忆力衰退，精力集中不起来的时候，一定要好好养护大脑。

◎重视睡眠的质量

很多女孩的睡眠质量并不好，这是造成脑部压力得不到缓解的重要原因。每天人正常的睡眠时间需要7至8小时，就能缓解疲劳。睡眠的姿势会影响的睡眠质量好坏，我们最好能向右侧卧，双腿微曲起来，这样能让全身自然地放松。有的女孩睡觉喜欢翻身，翻身的时候容易醒来。这种习惯和呼吸有关系，卧室的通风对睡眠来说是十分重要的，居室最好能每天打开窗户通风，这样晚上睡觉的时候才不会觉得闷，人自然翻身的次数就少了。

即使工作不忙的女孩，或者全职太太也同样要保护大脑。睡眠的习惯影响睡眠的质量，女孩们对此并不十分重视。因为生活需要多彩阳光，大多数女孩如果不上班白天时间困了就会睡觉，这样晚上不但难以入睡，即使睡着也很难进入深度睡眠。是养成好的睡眠习惯，每天尽量在同一个时间睡觉。

◎挑点大脑爱吃的

在减肥套餐，健美套餐，排毒套餐大行其道的时候，女孩们别忘了自己来点补脑套餐。保护大脑可以选择多吃鱼，尤其是海鱼，对脑最有补益。据有关营养学资料显示：鱼类含有丰富的不饱和脂肪酸，比肉类高约10倍，是健脑的重要物质。海鱼中含二十二碳六烯酸和二十碳五烯酸，是促进神经细胞发育最重要的物质，具有健脑作用。

多吃蔬菜补充维生素，特别是胡萝卜含有多种维生素、无机盐和钙质。胡萝卜营养丰富，是健脑的上品。肉类中可以多吃鸡肉，鸡肉中的蛋白质可以算得上是优质蛋白。它能维持人体正常的免疫功能、激素平衡、肌肉收缩力和肌肤弹性。

为了减肥不吃早餐的女孩很多，这样短时期大家都不会发现有什么害处。晚上人虽然处于睡眠状态，但是大脑仍然在消耗热量。清晨起来，你会感觉肚子很饿，其实大脑比肚子更饿。早晨起床，大脑需要一定的时间完全清醒过来，这时的大脑处于最缺能量的时候。假如你不吃早餐，大脑得不到应有的能量，清醒的时间会比较缓慢。而且，清晨人消耗的热量最多，如果没有吃早餐，大脑就会透支。长期处于透支状态的大脑，比其他的女孩要反应慢很多。这样的减肥方法似乎瘦了身材，也损伤了大脑。

我们在吃东西的时候，最好能细嚼慢咽。因为在咀嚼的过程中刺激会传到脑干、小脑、大脑皮质，提高脑部活动。充分咀嚼还有助分泌胆囊收缩素，这种荷尔蒙能够随血液进入大脑，提高人的记忆力。

◎为大脑采购氧气

女孩们经常去健身，健身的时候可以测一下自己的肺活量。人的肺活量是有一定范围的，那些肺活量大的人，身体能得到更多的氧气。氧气对大脑来说，就如同鱼在水中，水深而鱼自由。锻炼能增大你的肺活量，经常参加体育锻炼的人，肌肉中储存氧气的“肌红蛋白”也多。当你走进一间长时间关闭的小屋，会感到压抑，这是因为空间小氧气不充足造成的。缺氧的时候人的思维能力会降低，产生疲劳。这是因为大脑的代谢产物乳酸和二氧化碳不能及时排出体外而产生了疲劳。

大脑是人体的高级中枢，是人类聪明才智的物质基础，女孩们更要科学用脑，做个高魅商和高智商的完美女人。

教主美贴

给大脑补氧能提高人的思维速度和做事效率，补氧的方法很简单：采取站立式姿势，挺胸，头颈放松。做深呼吸，吸气要充满整个胸腔。也可以采用腹式呼吸法，吸气时候先吸满整个腹腔，然后再灌满胸腔。吐气时最好随意，无意识地吐出。整个呼气时间不要超过5秒，可以隔一两次呼吸做一次深呼吸。当你感到困倦时，深呼吸能给大脑补氧，使大脑意识清醒过来。爱护大脑，最好能每隔两个小时进行10分钟深呼吸。平时经常到绿地，露天的场所去活动。平时少接触烟雾，烟雾对大脑会产生一定的刺激。注意清洁灰尘，否则吸气的时候可能会把灰尘呼进去。

整容——为美丽设置的漩涡

毫无疑问，整容已经成为了世界流行的时尚。对自己外表不满意的人会去整容，长相原本很漂亮的人也会整容。从不美到美丽，从美丽到更美，女人对美丽的追求是无止境的。美丽带给女人的不仅仅是自信，还有很多快乐和机会。小手术比如隆鼻，做酒窝等在韩国基本上美容院都能做。很多女孩很小的时候就很重视外表的美丽，她们不需要父母带领，自己会去穿耳洞，那些时髦的小女孩耳朵上都有几个耳洞。如果感觉自己哪里长得不够好，会参考父母的意见选择一家美容院去整形。整容虽然已经成为了世界女人流行的时尚，但是如今整形“上瘾”的事情越来越多了。

在韩国整过容的女孩一生大约会去做三次手术，都不是太大的动作，无非就是对眉型，唇形或者脸型做一些美化。如何才能使自己的容貌达到理想的效果呢？在整形前我们自己的内心要先有一个设想，否则完全按照整形师的建议整形，很有可能当看到整容后的脸，会十分接受不了，而产生心理障碍。

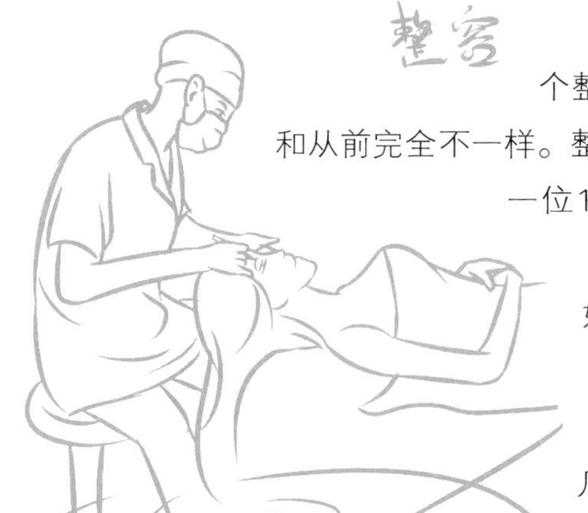

整容的目的是为了容颜俏丽。每个整容的女孩都不希望自己整容后，和从前完全不一样。整容就是这样一个漩涡。

一位17岁的女孩，她的脚步总是紧跟世界流行的风尚。当一张漂亮的娃娃脸配平齐的刘海显得万般清纯的风气流行起来，校园里就骚动了。一个假期过去后，有几位女孩不约而同地拥有了这个造型。她按捺不住也去做了整容，效果非常好，很快她就成了校园里的小明星。可是没过几年，潮流又改变了，她再也吸引不住人们的眼球。于是她又想到了整容。这次她模仿的对象是韩国影星蔡琳。她的五官和气质与蔡琳差别非常大，美容师的建议她思考成熟再做。虽然整容对肌肤并不能构成大的损伤，但是整容是有一定前提的，不是所有的美丽愿望都能实现。想整容的人千万不能一味地想模仿别人，因为潮流总是在变，人不能一辈子靠整容来吸引别人的眼球。

美丽的外表能让女孩们更有魅力，经常整容会让自己忽视内在美的修炼，假设一个外表美丽心灵长满毒草的女人，也是不会得到大家欣赏的。

有一位三十岁的女人谈到她的整容史，她诙谐地说自己是整容的勇士，拥有一种“演进的美容观”。原来她刚开始整容，目的很简单：

“我的眉毛太短了，在五官里显得最不好看，没有精神，如果不是眉毛不好看，我算得上是比较漂亮的呢。”——然后为了弥补这点缺憾而整容。

当整容手术完成，眉型发生了很大的变化，整个人看起来精神了，这位女孩会更严格地审视自己：“哎呀，我的五官这么端正了，可是脸上却圆嘟嘟的，大家看到我都以为我比较胖呢。”——又一次踏进美容院。

脸终于瘦了，周围的人都称赞她“越长越漂亮了”，这种美滋滋的心态持续了三年，再听不到人夸奖她的时候，突然在电影里看到韩国新喜剧天后张娜拉，发现自己整来整去，都没有掌握整容的精髓——模仿。因为缺乏模仿，她前两次都是在发现自己的不足，却没有与其他女人做比较。虽然前两次整容使自己变美了，但是与自己心目中偶像的距离还是很大的。于是又有了新的计划，再次来到美容院。

这次她完全不像前两次那样紧张，因为当她意识到自己也能通过整容，拥有像张娜拉一样的容貌和身材，她的思想彻底改变了。

世界上不乏一生整容百余次的人，究竟她们都得到了什么呢？每一次似乎都比从前更美丽，身体却被一次次地残酷“矫正”着，到处是刀痕。整容上瘾正像流行感冒一样，尽情地蔓延。爱美没罪，却让人的身体受尽“折磨”。

世界任何一个地方，都存在崇尚自然美的女人。整容女孩可以“修正”那些你认为不够美的地方，但不要患“流行感冒”才好。

教主美贴

对美的过分追求其实是一种虚荣，虚荣导致了心态失衡，这种“恐丑症”是一种常见的心理疾病。大多数人是因为受到一些刺激才产生这种过分“追求”的。整容的次数越多，人内心的病态越严重，就会让人更加缺乏自信。其实女人的美丽有千万种，每种都不同。从不同角度来看，女人各有各的美丽，假如都去整容了，这种自然自在的美感就消失了。我们身边那些看起来外表并不漂亮的，却同样能够得到快乐与幸福。就像不同色彩的花朵，都是春天的孩子。爱美是无止境的，但是改造美却需要理智。

别拿水果当蔬菜

早餐吃苹果，午餐吃草莓，晚餐直接吃沙拉，很多女孩对此不亦乐乎。这样的饮食方式简直就是把水果当蔬菜吃了。女孩们认为水果与蔬菜营养成分相近，一天吃一斤半斤水果，营养就够了。水果口感好，水果和蔬菜都含有维生素C和其他多种矿物质，还有的水果常吃能减肥，何必要吃蔬菜？导致现在水果的消费量激增，价位攀升很快。这种现象普遍存在，有的人认为好有的人认为不好，究竟孰是孰非呢？

我们先看看两者的营养价值有什么差别：

蔬菜	重量	VC含量	水果	重量	VC含量
胡萝卜	100克	12毫克	葡萄	100克	4毫克
白菜	100克	31毫克	苹果	100克	4毫克

可见，100克的蔬菜和水果中VC含量相差非常悬殊。假如人一天吃一斤葡萄，仅仅能获得40毫克的维生素C，仅仅相当于吃了300克胡萝卜，蔬菜的营养的确不是水果能取代的。同时，蔬菜价格便宜，熟吃食用量也很大，女孩们千万不要用水果代替蔬菜哦！

我们再来看看它们的维生素含量和消化吸收对比：

◎绿叶蔬菜

绿叶菜中维生素C和矿物质的含量较多，膳食纤维的含量远远高于水果。

水果中含有柠檬酸、有机酸，能刺激消化液的分泌，有助消化。蔬菜中不含，消化起来比较慢。

多数蔬菜里所含的碳水化合物主要是淀粉一类的多糖，多糖淀粉需要在各种消化酶的作用下，在消化道慢慢消化水解成单糖，才能慢慢被吸收。

◎水果

大多数水果维生素C含量低于蔬菜。

多数水果中所含的碳水化合物主要是葡萄糖、果糖、蔗糖等单糖和双糖；葡萄糖、蔗糖一类在小肠中不加消化或稍加消化就能够被吸收。

不能因为水果口感好，消化快，就把水果当作蔬菜吃。蔬菜和水果存在一定的差异，蔬菜的很多作用是水果代替不了的。

大多数蔬菜中含有人体日常需要的六种营养。蔬菜的主要营养成分是维生素，都以维生素C为主。有的也含有维生素A、维生素B。除了维生素外，蔬菜中还含有许多生物活性物质：叶绿素、生物碱、多酚等。这些物质能帮助清除体内垃圾、延缓衰老。蔬菜的仅膳食纤维的含量比水果高很多，它所含有的是不可溶性纤维，能够促进肠道蠕动、清除肠道内积蓄的有毒物质，防止便秘、痔疮等问题发生。蔬菜有很多保健作用也是吃水果所无法取代的。

所以女孩们不能吃水果代替蔬菜，吃水果不吃蔬菜减肥的方法，会导致维生素缺乏，对身体健康不利。

为了避免摄取过多的热量，同时又不会造成维生素缺乏症，我们可以将水果和蔬菜的合理搭配起来，按照一定的公式算出你今天可以选用的蔬菜和水果的类型及重量：

假设减肥时，一个50公斤的人，每天吃进的食物不能超过1800卡路里，那么你可以根据食物热量表，自己搭配进行。

蔬菜类的热量表

食品名称	热量(大卡)/可食（克）	食品名称	热量(大卡)/可食（克）
干姜	273/95	茄子(绿皮)	25/90
辣椒(红尖,干)	212/88	小葱	24/73
黄花菜	199/98	菠菜	24/89
竹笋(白笋,干)	196/64	菜花	24/82
紫皮大蒜	136/89	茴香	24/86
大蒜	126/85	小叶芥菜	24/88
毛豆	123/53	茭白	23/74
豌豆	105/42	油菜	23/87
蚕豆	104/31	辣椒(青,尖)	23/84
慈姑	94/89	南瓜	22/85
番茄酱(罐头)	81/100	柿子椒	22/82
芋头	79/84	圆白菜	22/86
土豆	76/94	韭黄	22/88
甜菜	75/90	油豆角	22/99
藕	70/88	毛竹笋	21/67
苜蓿	60/100	萝卜	21/88
荸荠	59/78	蒜黄	21/97
山药	56/83	茼蒿	21/82
香椿	47/76	番茄罐头(整)	21/100
枸杞菜	44/49	茄子	21/93
黄豆芽	44/100	丝瓜	20/83
胡萝卜(黄)	43/97	空心菜	20/76
玉兰片	43/100	萝卜樱(小,红)	20/93
鲜姜	41/95	木耳菜	20/76
洋葱	39/90	白萝卜	20/95
胡萝卜(红)	37/96	油菜	20/93
扁豆	37/91	竹笋(春笋)	20/66
蒜苗	37/82	芹菜	20/67
羊角豆	37/88	芥蓝	19/78
榆钱	36/100	小水萝卜	19/66
苦菜	35/100	竹笋	19/63
刀豆	35/92	西红柿	19/97
芥菜头	33/83	长茄子	19/96
西兰花(绿菜花)	33/83	苦瓜	19/81
辣椒(红小)	32/80	菜瓜	18/88
香菜	31/81	西葫芦	18/73
苋菜(紫)	31/73	芦笋	18/90

芹菜叶	31/100	莴笋叶	18/89
青萝卜	31/95	绿豆芽	18/100
芥蓝	30/78	豆瓣菜	17/73
大葱(鲜)	30/82	黄瓜	15/92
冬寒菜	30/58	小白菜	15/81
豆角	30/96	牛俐生菜	15/81
白豆角	30/97	大白菜	15/83
青蒜	30/84	大白菜(酸菜)	14/100
豇豆	29/97	大白菜(小白口)	14/85
豇豆(长)	29/98	大叶芥菜(盖菜)	14/71
豌豆苗	29/98	旱芹	14/66
红菜苔	29/52	萝卜樱(白)	14/100
四季豆	28/96	莴笋	14/62
荷兰豆	27/88	葫芦	14/87
蓟菜	27/88	水芹	13/60
木瓜	27/86	生菜	13/94

水果、干果类的热量表

食品名称	热量(大卡)/可食（克）	食品名称	热量(大卡)/可食（克）
松子仁	698/100	猕猴桃	56/83
松子(生)	640/32	黄元帅苹果	55/80
核桃(干)	627/43	金橘	55/100
松子(炒)	619/31	京白梨	54/79
葵花子(炒)	616/52	苹果	54/78
葵花子仁	606/100	桃(黄桃)	54/93
山核桃(干)	601/24	海棠罐头	53/100
榛子(炒)	594/21	鸭广梨	50/76
花生(炒)	589/71	葡萄	50/84
花生仁(炒)	581/100	葡萄(玫瑰香)	50/86
南瓜子(炒)	574/68	桑葚	49/100
西瓜子(炒)	573/43	青香蕉苹果	49/80
南瓜子仁	566/100	红香蕉苹果	49/87
花生仁(生)	563/100	黄香蕉苹果	49/88
西瓜子仁	555/100	橄榄	49/80
榛子(干)	542/27	莱阳梨	49/80
杏仁	514/100	苹果梨	48/94
白果	355/100	紫酥梨	47/59
栗子(干)	345/73	冬果梨罐头	47/100
莲子(干)	344/100	橙子	47/74
葡萄干	341/100	巴梨	46/79

杏脯	329/100	桃	46/89
核桃(鲜)	327/43	樱桃	46/80
金丝小枣	322/81	红富士苹果	45/85
果丹皮	321/100	伏苹果	45/86
无核蜜枣	320/100	福橘	45/67
桂圆肉	313/100	印度苹果	44/90
桃脯	310/100	红玉苹果	43/84
西瓜脯	305/100	酥梨	43/72
大枣(干)	298/88	鸭梨	43/82
花生(生)	298/53	芦柑	43/77
杏酱	286/100	葡萄(紫)	43/88
苹果酱	277/100	蜜橘	42/76
桂圆干	273/37	菠萝	41/68
桃酱	273/100	雪花梨	41/86
草莓酱	269/100	番石榴	41/97
柿饼	250/97	蜜桃	41/88
椰子	231/33	柚子	41/69
乌枣	228/59	红橘	40/78
黑枣	228/98	苹果罐头	39/100
小枣	214/92	枇杷	39/62
莲子(糖水)	201/100	小叶橘	38/81
沙枣	200/41	冬果梨	37/87
栗子(鲜)	185/80	杏子罐头	37/100
红果(干)	152/100	杏	36/91
酒枣	145/91	李子	36/91
鲜枣	122/87	柠檬	35/66
芭蕉	109/68	李子杏	35/92
红果	95/76	密瓜	34/71
香蕉	91/59	西瓜	34/59
人参果	80/88	糖水梨罐头	33/100
海棠	73/86	芒果	32/60
柿子	71/87	草莓	30/97
桂圆(鲜)	70/50	红肖梨	30/87
荔枝(鲜)离枝	70/73	杨桃	29/88
甘蔗汁	64/100	杨梅	28/82
玛瑙石榴	63/57	梨	28/91
青皮石榴	61/55	柠檬汁	26/100
无花果	59/100	香瓜	26/78
红元帅苹果	59/84	西瓜	25/59
桃罐头	58/100	白兰瓜	21/55

教主美贴

生吃的蔬菜怎样才最有营养呢？首先洗，洗菜的时候千万不要挤压。把菜洗的像衣服一样，营养素早流失光了。蔬菜清洗的时候可以不用清洁剂，但是要放在水中浸泡一会，将蔬菜上残留的药物洗掉。蔬菜如果吃不完，在冰箱里存放的时间不要超过一天。不喜欢喝蔬果汁的人，完全可以生吃蔬菜。把洗好的蔬菜做成凉拌菜，把蔬菜洗净切好后，要用，加适当调料调拌后食用。但在做凉拌菜的过程中一定要注意一点，尽量要少放盐。这除了避免盐的摄入量过高，也可以避免加盐过多导致蔬菜不新鲜，营养成分流失。

美味多美颜——蔬果汁饮

自从果汁风行后，女孩们不但饮用来保养肌肤，还有很多人直接把水果捣碎，将果汁做成面贴，敷在脸上。比如草莓，草莓汁用面贴敷在脸上，加上酸奶，就能起到美白的作用。绝大多数纯天然水果，都能做成面贴敷脸。女孩们或许从这种保养方式里发现了纯天然保养品的好处，如今蔬果汁风行起来。许多商场都有蔬果汁卖，女孩们对这些蔬果汁也非常青睐。大家都以为这些蔬果汁饮料比气其他饮料健康多了，喝了就相当于多吃了很多青菜。事实上这些饮料添加了许多糖分，浓度大多不能算是纯果汁了，并且，场卖的果汁基本已将纤维质过滤掉了。同时，这种蔬果汁存放的时间不等，如果你购买到的蔬果汁已经存放了十几个小时，就基本没有什么营养可言了。

那女孩们就开始发愁啦，这个蔬果汁究竟该喝什么样的，什么时间喝才美容养颜呢?

蔬果汁当然是喝新鲜的时令蔬果最好啦，时令蔬果的营养价值高，随时购买随时可以制作。挑选的时候，要选非常新鲜的，已经存放一段时间的蔬菜汁水味道不佳，汁水在存放的过程中已经挥发掉了一些，打出来的汁水没有新鲜蔬菜那么多。蔬果汁最好自己打，打完后在30分钟内喝完最好。这样新鲜的蔬果汁富含维生素，所以打完后现喝才能拥有更多维生素，更多营养哦。假如一次打多了，你可以存放在冰箱里。带皮的蔬菜，比如黄瓜，平时我们吃的时候，黄瓜皮是不会削掉的，那么打成果汁的时候，同样也不削掉，但是必须要用清洁剂将外皮清洗干净。因为蔬菜大多直接从地里被运到市场，有的蔬菜外皮还残留着泥土，杀虫剂或者一些虫卵。如果不清洗干净，喝下去反而不健康。我们吃南瓜的时候，一定会把南瓜皮削去，因为南瓜皮太粗糙，味道也不好，如果混在果汁里，会使果汁的味道欠佳。所以，女孩们完全可以按照自己的意愿来做，对于那些平时我们食用时去皮的蔬菜，打成果汁的时候依然要去皮。蔬菜的皮也含有大量的维生素，能够帮助肠胃蠕动。而那些不去皮的蔬菜，打成果汁也不去皮。不是所有的蔬菜都能打成果汁喝，有的蔬菜味道比较苦，有的女孩打完后还要放糖。其实这不是个好习惯，因为糖分解时，会增加维生素B群的损耗及钙、镁的流失，降低营养。所以，当蔬果汁的味道不好，口感不佳的时候，你可以将一些甜味比较重的水果打成果汁倒进去，或者加一些蜂蜜，口感就好多啦。搭配起来喝就像调鸡尾酒，你可以按照自己的喜好，打出来果汁的色调来调配自己爱喝的类型。

那么我们什么时候喝蔬果汁能够吸收更多的维生素，让肌肤更营养呢？女孩们可以选择早上饭前喝，或者晚饭后2小时喝。早晨饭前喝一杯，大概30分钟后果汁就被消化完了。这时女孩们开始吃早餐，肠胃在蔬果汁的滋润下非常舒服。有的女孩以为喝了蔬果汁就可以不吃饭了，减少碳水化合物的摄入，能减肥。事实上蔬果汁是不能代替早餐的，蔬果汁富含维生素但是并不能使身体产生多少热量。而且蔬果汁一般只能冷着喝，加热就会失去许多养分。凉的蔬果汁并不适合所有的人，有的女孩不能喝凉的蔬果汁，你可以加入一些有根茎的蔬菜，就不会那么凉了。对于那些肾脏有疾病的女孩，也要慎喝蔬果汁。因为蔬菜里含有许多钾离子，而肾脏患病无法排除多余的钾，就会造成钾离子在体内堆积，引发疾病。晚饭后2小时喝水果汁，这样蔬果汁不容易和食物混在一起，因为消化慢而发酵。

喝蔬果汁最怕的就是女孩们偏好太严重，因为有太多偏好导致每次都只喝某几种蔬果汁，造成维生素摄取不平衡。所以尽管有的蔬果比较难喝，可以调配好再喝。调配好的蔬果汁味道香甜，让人非常有食欲，很多女孩迫不及待地一饮而尽。当你大口喝完，发现脸色红润，千万别以为是果汁的神效立现。这是因为糖分很快进入血液里，造成血糖上升的结果，对身体是有害的。这么美味的蔬果汁，女孩们不想坐下来慢慢品尝，慢慢享用吗？

你可以小口抿着喝，香甜的滋味会从嘴唇到舌头再到咽喉，给整个身心新鲜蔬菜的关怀。

蔬果汁虽然能给肌肤提供大量的维生素喝营养，但是身体的吸收能力是有限的。即使你今天喝三大杯蔬果汁，能吸收的量也不会有所改变。所以，别浪费蔬菜和水果，每天喝好那精致的一小杯就好啦。

教主美贴

美味的蔬菜果汁，的确是很好的饮料，它不仅向人体提供必需的营养物质，还能够改善人的身体健康状况，对女人来说，这实在是首选佳品。选择蔬果汁需要理由吗？

1. 热量很低。
2. 自制不含防腐剂，人工色素。
3. 能保留蔬果汁的原味，保持蔬果汁的营养价值。
4. 能帮助排便，对美容、健身、减肥的人来说，都有一定的保健作用。
5. 蔬果汁含有丰富的果糖，能够迅速补充体力。运动后喝一杯蔬果汁，能迅速补充水分，还能解渴。

盛夏美食如何吃

盛夏到来，人体开始感到倦怠。很多女孩靠喝冷饮度过暑期，有的女孩干脆就呆在空调房里不出门。懒得吃东西也不觉得饿，结果一个夏天，大家都瘦了。秋风一吹，很多女孩都病倒了。到处能看到去医院买药，看病的女生。秋风还不凉就披上大衣的女孩，都说是由于秋天的乱穿衣，其实是被夏天给“吃”坏的。饮食不健康，身体就不可能得到健康。盘点了一下女孩们夏季最爱吃的“餐点”冰激凌和瓜果。

有位大学女孩早晨起来吃点瓜果去上课，中午太热就吃冰激凌，晚上吃不下去喝点冷饮。上体育课就头晕，跑几步就要坐下，而且大汗淋漓。此女孩体重一直在120斤以上，绝对不属于娇小玲珑型的。可是为什么看似健康的女孩，却最容易头晕呢？这里还有一个错误的观念在作祟：很多女孩都知道夏季最容易减肥，所以夏天只要吃少点就自然瘦下来了。但是要知道身体对每天的能量是有一定需求的，过少就不能满足需要，过多可能造成脂肪堆积。不吃饭不仅不会使人瘦下去，还会使肌肤显得松弛。那么盛夏为了保护好我们的身材和肌肤，还有胃，我们究竟吃些什么好呢？

一日三餐要完美搭配，才能吃得好。餐前喝点矿泉水，矿泉水所富含如镁、碘等的矿物质，能够促进脂肪消耗。矿泉水本身不含任何热量，我们能在补充矿物质的同时，给身体补充足够的水分。如果你特别不想吃东西，那么喝杯矿泉水，能减轻饥饿感。在你吃早餐的时候，就不会感到难以下咽，也不用担心吃得过多了。矿泉水的舒缓作用，是在为一天的胃口开道，你可不能连这一节都省略哦。

早餐尽量不要吃甜点，因为甜点容易产生油腻的感觉。要适当地吃一些碳水化合物，否则胃没有被填满总是容易感到饥饿。你可以喝一碗粥，韩国冰镇的粥很好喝，但是早餐吃冰冷的食物并不合适。粥的热量并不高，营养又比较好，是非常好的选择。吃完后还可以喝一杯酸奶，

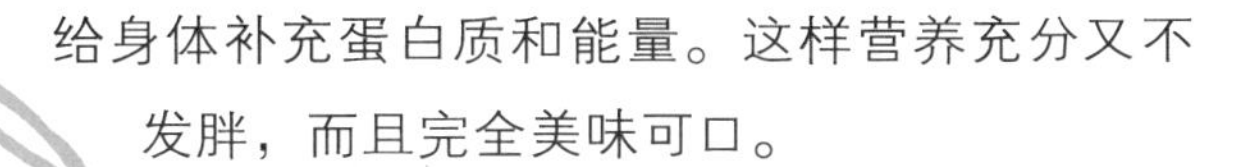

给身体补充蛋白质和能量。这样营养充分又不发胖，而且完全美味可口。

午餐相对是最令人发愁的，因为中午气温升高，人很容易产生厌食情绪。这时清凉的食物是首选，你可以来一盘水果沙拉或者蔬菜沙拉。它可以给你提神，还能缓解人的紧张情绪，有利于午休。无论是水果沙拉还是蔬菜沙拉，都很容易被人体吸收。吃完沙拉小餐以后，开始吃午餐。午餐最好能选择鱼、青菜和少量的肉，无论如何要吃一碗饭。只有这些餐点吃完后，才能开始吃你喜欢的冷饮。这时身体完全能够接受刺激，同时也需要降降温，来个冰激凌或者冰镇饮料，解暑降温舒适极了。我见过一些女孩中午以冷饮作为午餐，吃完一个冰激凌吃冰蛋挞再来一瓶冰镇可乐。其实那纯粹是在折磨自己的胃，冰冷的食物对肠胃的刺激很大，吃下去后表面上看感到凉爽了，但是身体本来温暖的环境骤然改变，使毛细血管都收缩起来，肠胃的蠕动速度减慢了，产生不舒适的感觉。吃冷饮永远坚持一个原则：一个就好！在精而不在多。

晚餐的时间段，气温下降，人处于干渴状态。女孩们一定迫不及待地寻找“水源”，有的吃了冰镇奶昔，有的干脆就以冰镇果汁做晚餐。其实这个时候最好的办法是喝一杯柠檬汁。柠檬不仅含有维生素C，胡萝卜素还有黄酮、柠檬素、香豆素等58种抗癌的化学物质。中午可能被紫外线侵袭的肌肤，受到维生素C的关怀，很快灼热感就会消退。先喝一杯柠檬汁再吃饭，能开胃。20分钟后柠檬汁被吸收完了，你会感觉到饥饿来临，非常想吃东西。因为已经喝过一些水，所以食量也得到了控制。晚餐依然以清淡食物为主，不要吃油腻和油炸食品。晚餐后最好不要喝冰镇的饮料。因为停止了一天的运动，身体开始趋于舒缓。晚餐后2小时吃点草莓，草莓中也富含维生素C。此外，它还能帮助你清理体内垃圾，促进新陈代谢。

一天美味的三餐结束了，每一餐都营养丰富，热量适中，而且清凉可口，你是不是这样选择的呢?

教主美贴

盛夏时节，人都感到燥热，很多人喜欢找一处阴凉的椅子，坐下来看看书。事实上夏天气温高，湿度大，木头被太阳一晒，温度升高了，里面的湿热就向外发散出来，使人感到不舒服。所以夏天最好不要长时间坐在木制的椅子上。

为了避暑，有的女孩喜欢睡在窗户边上，或者露天的庭院里。当人睡着后，身体处于放松的状态，抵抗力下降。夜里气温降低，露水出现，人很容易出现关节病，腹痛或者头痛。

露天的庭院的确空气不错，但是蚊虫也多，被叮咬容易生病。

盛夏的错误快速冷却法，除了吃大量的冷饮，就是不停地冲凉。人在太阳光下的时候，身体吸收了大量的热量，如果冲冷水浴，让身体快速冷却下来，会导致全身的毛孔迅速地闭合起来，身体的热量散发不出去。这样会引起体内温度过高，人体脑毛细血管供血不足，导致头晕，休克。

果汁，果汁，让我变得更美吧

爱喝果汁饮料的女孩很多，来自全世界各地的美味饮品，总是能抓住女人的胃。聪明的女人爱喝果汁，并不仅仅是为了追求味觉的享受，因为果汁里富含维生素，是养颜的佳品。美丽女人，离不开果汁。有时我们觉得，女人就是一杯果汁，香甜滋润。果汁饮料的确方便可口，但是一杯葡萄汁的“含金量”远远没有我们平时吃同等重量的葡萄高。果汁饮料究竟和我们日常自制的果汁有什么区别呢？大多数女孩都以为，一瓶果汁饮料就能够给自己补充一天的维生素了，但是却并不知道，你手中的果汁饮料可能仅仅解决了你口渴的问题。

市场上的果汁有三种：纯果汁、果汁饮料和果味饮料。纯果汁含有100%的果汁，没有添加水和糖液。而普通的果汁饮料，则果汁含量在10至99%之间。如果果汁的含量低于10%的就是果味饮品。有多少女孩会在购买饮料的时候，注意到这些问题呢？一瓶果汁含量不到30%的果汁饮料，根本就不能帮助我们补充足够的维生素。所以，事实上女孩们经常喝饮料但是却没有正确的喝。喝纯正的果汁，那种百分百香浓的味道，才能真正帮你喝出美丽。

女孩们究竟该喝哪种果汁才能补充更多维生素，帮助你变美呢？

首选圣品苹果汁。

优质的苹果拿来榨汁，汁水香甜可口。苹果含有大量的天然糖，维生素、微量元素和有机酸。当女孩们冬季清晨出门，喝一杯能预防感冒。而如果面色憔悴，身体十分疲惫，不舒适，感到头晕胸闷，喝一杯苹果汁，能促进身体的新城代谢。苹果在东方人眼里，是最养颜的水果。

第二位圣品葡萄柚汁。萄柚1750年在拉丁美洲的加勒比海岛上被发现，我们平常见到的葡萄柚有主要有果肉白色的马叙葡萄柚；果肉白色的邓肯葡萄柚（Duncan），果肉红色的汤姆逊葡萄柚（Thom）。葡萄柚中含有珍贵的维生素P和大量的维生素C及可溶纤维。维生素C有美白抗氧化作用，而维生素P则能够增强肌肤和毛孔的功能。经常喝葡萄柚汁的女孩，肌肤细腻白皙，不容易长色斑和皱纹。

第三位圣品樱桃汁。樱桃酸中带甜，维生素含量非常丰富。每100克樱桃中含铁量多达59毫克，居于水果首位；维生素A含量比葡萄、苹果、橘子多4倍。每天喝一杯樱桃汁，女孩们不容易出现气弱心悸，倦怠口渴的情况。而且樱桃还对腰腿疼痛有保健作用。樱桃果肉红，还是补血的好东东。

除了这三位圣品外，还有许多佳品如：柠檬汁富含维生素C，能够止咳化痰。芒果汁含有食物纤维和β胡萝卜素，帮助改善视力，提高免疫力等等。

但是日常生活里能意识到用纯正果汁来养颜的女孩不多。果汁的益处很多，不同的果汁对身体有不同的帮会。你在家中制作起来也很简便：选用新鲜的水果，压榨成汁。自己制作的果汁，避免了饮尽果汁压榨后添加进去过多的糖分，色素，人工添加剂等。纯自然健康的果汁，魅力无穷。

喝果汁的最佳时间是早饭前1小时和晚饭后2小时，果汁被完全吸收大概只需要30分钟。假如刚吃完晚饭就饮用果汁，这时因为用餐后食物消化需要两个多小时，果汁会滞留在胃里时间长了会发酵，容易造成腹泻。果汁对胃基本上没有大的刺激，只要不是非常饥饿，你也可以选择晚饭前喝。

不同的果汁有不同的功用，抗疲劳你可以喝苹果汁，想美白你可以选择一天喝两杯葡萄柚汁，更多香甜可口养颜的果汁，等待你去品尝。

教主美贴

果汁美味营养多，但是喝的时候也有许多事项要注意。我们空腹的时候尽量不要喝酸度比较高的果汁，空腹喝下去酸度高的果汁，会引起肠胃不适。同时果汁会直接影响胃肠的酸度，冲淡胃消化液的浓度。在用餐中尽量少喝果汁，用餐时喝果汁会导致果汁和膳食搅和在一起，出现饱腹感，影响消化。那些不喜欢喝果汁的女孩，大多是在用餐的时候，大口喝了果汁，发现喝果汁并不会使餐点更好吃，反而影响食欲。不是人人都喜爱喝果汁，很多女孩不喜欢自己做果汁，干脆吃水果。事实上一杯苹果汁可能需要2至3只苹果的分量，但是你不可能一次吃下2至3只苹果。相比较而言，果汁食用更方便，补充起来效果也更好。

“性福”小女人的快乐点心

人间有情才美。对于相爱的人，要有和谐的性爱才完美。东方女人的性爱观念和西方女人有很大的区别，西方女人更主动更奔放，而东方女人则更含蓄。无论哪种类型的人，爱，只要和谐就好。很多女人一味地在脸上涂抹风景，让男人觉得无比亮丽，性感。但是对于性爱，东方女人大多不愿意“深究”。有的害怕他人误会，有的是出于性格的羞涩。性爱的和谐对男人和女人的身心健康来说，是最好的补品。一个会爱的女人，要做一个懂得“性福”的女人。

和谐的性爱能带给你一夜香甜的睡眠，让你感到生活充满快乐。你能在激情消退的同时，感到身心放松，身体的舒展。对于女人来说，有规律而美好的性生活，能缓解经期的综合症。男人精液里含有精液胞浆素，能够杀灭葡萄球菌、链球菌、肺炎球菌等病菌，让女人不容易得妇科疾病。性爱还能增加人的呼吸量，使肌肤有充足的氧气，有一定的美容作用。

◎快感为什么总差一点点

性爱产生的基础是情感的和谐，在一些情况下发生性爱都会对身体产生伤害，让你对性爱产生一些不好的感觉。

1. 当月事来临，这个时候是最不适合性爱的阶段。月事期间女人宫颈大开，子宫内膜大面积脱落，造成很大的创伤面，这个时候发生性爱，细菌很容易进入生殖器官，对女人健康不利。

2. 情绪不佳的时候，仓促发生性爱。这种情况大多是双方中有一方产生冲动，没有顾及到另一方的情绪，容易造成被动方的反感。健康的性爱有一定的前奏，大多女人都无法接受直奔主题的方式。性爱要做得精致，不在乎数量。最好花一些时间让双方都感到舒适，两个人一起营造出美好的感觉，把性爱逐渐一点点推向高潮。

3. 在性爱过程中，呻吟是伴侣最喜欢听到的“音乐”，有的女人不好意思呻吟，或者从来没有发出过呻吟。这种性爱就像一种无味的工作，双方都享受不到快乐。很多女人在性爱中过于注重自己的形象，担心伴侣觉得自己的身材不够好，肌肤不够白皙，所以把注意力都放在遮掩自己身体的缺点上了。事实上在性爱过程中，男人会想方设法满足女人的需要，女人的这些担心，容易让男人误解，以为你不喜欢这样，人只有放松身心才能体味到那种美好的感觉。

美好的性爱需要我们用心去经营，并不是每次性爱都能达到高潮。但是在性爱中很多女人担心伴侣失望，会伪装出高潮。经常发出伪装高潮的呻吟来取悦伴侣，自己会逐渐陷入这种错误的表现里。而假如伴侣知道你为了取悦于他而伪装，肯定会非常失望的。

◎技巧不是万能的

能够达到性高潮，并不是由性爱的技巧决定的。男人和女人都有一定的性心理，总是在一点点寻找最适合彼此的方式。性爱本身并不是为了完成做爱的过程，而是一种男人与女人肉体和灵魂上的沟通。如果男人在性爱中过分运用技巧，享受到了性爱的舒适，但是却忽略了彼此身体的信号，反而不利于双方情感的交流。性爱的过程中即使没有任何技巧，也能产生同样的快乐。

有多少女人一生都不知道自己的兴奋点在哪里，她们始终把探索性爱奥秘的权利给了男人。她们没有和男人一样享受爱的过程，没有在爱的过程中增进彼此的感情。心灵的沟通是性爱的升华，没有比双方都感到快乐无比更好的了。

在性爱中对女人来说也同样如此，过分崇拜性技巧的女人，往往并不能通过性爱与男人达到完美的和谐，性爱的价值原本不在性爱本身。

◎性爱最需要造美的勇气

爱是性爱的载体，女人和男人的表达不同。直接和裸露给人的感觉过于唐突，在性爱中女人要学会造美。那些温言软语的性感娇娃，并不是天生的尤物，她们的性感都是自己创造出来的。

性爱要精心布置，多一点情调就多一份快乐。香水，鲜花和性感的内衣，都会在无形中传递给男人性感的信号。不要担心你的伴侣渴望在床以外的地方和你做爱，那是因为在他的感觉里，不希望一成不变的性生活。你可以迎合他，在性爱的过程中更加了解他的需要。

往往性爱会令彼此大汗淋漓，因为性爱基本上只有30分钟的时间，但是却相当于跑了1小时。你会发现性爱过程中乳房增大充血，呼吸急促，却能令全身得到放松。

保持美好的性爱，能延缓女人的衰老。那些长期没有性生活的女人，时间久了性爱的欲望就逐渐减弱，消失。

教主美贴

性爱除了身体语言外，你还可以运用眼睛，声音，使伴侣产生快感。经常做爱能促进人体的抗体产生，提高人体的免疫力。有研究发现性爱对感冒的恢复有一定的效果，当感冒发生，人体的免疫力下降，容易头晕嗜睡。这时，性爱能增加人体肌肤的血液循环，帮助排出汗液。感冒期间不要频繁做爱，性爱的过程中尽量不要接触嘴巴。

2 后天努力型童颜美肌的保存

按摩美容——小美女变身美丽教主的秘密

按摩美容环保又健康，在韩国这种美容方式更是长盛不衰。很多韩国女孩乐意拥有自己的美容师，节假日上门服务周到又方便。这些美容师们就像女孩们的“美丽保镖”，每次服务都会记录你的肌肤状况，根据不同的情况制定一套最适合你的方案。这样保养的确容易见到成效。但是美容绝对不能单纯地依靠美容师，美容师的能力差距很大，效果也有高低之分。她们并不能像食物和水那样，每天在你需要的时候准时提供给你。所以，真正的美丽功效要看日常的护理。尤其是按摩美容现在被韩国女孩们所喜爱，这种美容方法更需要自己来下功夫。

按摩美容能够通过按摩增加血液循环，促进肌肤内部的毛细血管的运动，给肌肤表面养分，增加肌肤的营养。按摩又能“唤醒”肌肤的知觉，去除肌肤的皱纹，可以恢复肌肤的弹力。

除了去美容院外，我们每天晚上要给按摩肌肤15分钟，以达到美化容颜目的。

◎脸颊

对面颊的按摩力度要轻，亚洲女孩的肌肤都比较薄而纹理细腻，手法不好容易损伤肌肤，或者把肌肤拉松。有一个非常简单而有效的方法：我们可以早晚将双手搓热，轻柔面部30下。手心的热力会激发面部气血，使面部充盈红润，而且能使面肌富有弹性。对眼底这个最容易长皱纹的部位，要格外重视。每天清晨可以用手指蘸清水按压眼底，刺激眼底肌肤血液循环。

◎秀发

早晨起床盥洗完毕，对着镜子用十指顺着头发从前额均匀向后推，力度要对头皮产生一定的刺激为准。早晨用十指梳头，能促进血液循环，对秀发的滋养也有一定的作用。

◎肋部

女人最需要注意的是身体的气血运行状况，我们可以每天梳理心境，使得心情舒畅。参加完重要的活动，或者做完家务，自己坐下来，按摩一下肋部，每天早晚按摩30下，可以舒肝理气，对肋间神经痛非常有效。

◎腹部

腹部一旦有赘肉，人的体型就很难保持。很多女孩很聪明，会经常进行游泳，打球等活动，尽量使脂肪不沉积在腹部。除了游泳和打球这些活动外，按摩也能消耗女孩们的腹部的脂肪。饭后1小时开始，用手在腹部按摩，顺时针和逆时针画圆各30次。这个方法对凸起的小腹也是很有效果的哦。按摩还能改善消化系统、生殖泌尿系统的功能呢。

25岁之前，腰部是女孩们最能展现风姿的部位，25岁之后，腰部却承担着太重大的任务。很多女孩都发现，每次月经后腰酸，这种隐约的痛感让人不安。有的女孩做完家务后，感觉腰椎很僵硬。这些问题并不能通过到健身房锻炼解决，我们要注意在月经期不能进食冷饮，尽量不碰冷水。尤其在天气变凉后，不要穿露腰的低腰裤和短衫。按摩以双掌摩擦为主，使腰部肌肤发热，增强肌肤血液循环。腰部的保养并不容易立即出现好的效果，贵在坚持。按摩能够使腰部发热，强肾壮腰。能缓解偶然发生的腰痛、腰椎间盘突出的疼痛。腰部按摩对25岁以上的女人有着特殊的意义。

◎秀足

在韩国几乎人人愿意享受桑拿和足浴，有的女孩尤其爱好洗花瓣浴，蒸得香喷喷的出来，肤色好，心情更好。在冬季偶尔洗花瓣浴和足浴其实还满足不了身体的需要。我们晚上睡觉前要给可以晚上睡前自己泡泡脚，水温在45摄氏度最好。泡脚有一定的讲究，一般时间控制在30分钟内，泡完后膝盖非常舒缓，最好隐隐有些潮的感觉才算好。

按摩因人而异，有的人肌肤干燥按摩的时候需要用一些橄榄油滋润，有的女孩腰部赘肉多但是有腰痛的老毛病，就要先解决腰痛问题然后再按摩减腹。

世界上其实没有一剂万能的美容贴，想要容颜美丽，按摩的功夫不能少下哦，小美女变身美丽教主的秘密就是这么简单，拼的就是耐力！

教主美贴

按摩周身肌肤，使肌肤紧致，需要由上而下按摩。手法要柔和，在按摩过程中，要针对那些酸痛的部位，进行重点按摩。比如当我们走了很长的路，那么晚上脚一定很不舒适。按摩脚的时候，可能脚心比较痛。那么你要针对这个部位，进行按摩。按摩的时候不要只用大拇指喝中指使劲，五个手指的力度都要均匀。女人脊柱到尾骶部最容易发生酸痛的反映。如果你正好在经期，对这些部位最好采用热敷而不是按摩。按摩不要过于频繁，时间过长，早晚各1遍就好，每次20分钟左右比较适宜。

花花草草也排毒

很多女孩似乎天生的肌肤白皙，即使并不热爱运动，看上去还是那么健美、充满活力。而有的女孩整日生活在节食，美体的规划里，身材和肌肤仍然看上去很糟糕。很多女孩来请教肌肤问题的时候，都少不了几句这样的抱怨。尤其是那些长相和身材非常棒的女孩，谈到男朋友看她们脸上有痘痘肌肤不够白皙的时候，简直就让我恨美容业不能尽善尽美地改变满足她们的需求。

可是，咨询过肌肤问题的女孩有多少回去后一直能按照要求的那么去做呢？碰到心动已久的PARTY，她们还是会偷偷喝上两口鸡尾酒，更多的女孩根本没有办法戒掉大排档烧烤的诱惑。哦，你看吧，她们就是这样。

再看看我们平时吃的食物吧，平时我们会吃一些肉、鱼、蛋和面包，这些食物都属于酸性的物质，很多水果是碱性食品。但是我们总是吃主食比吃水果多，这样人体液和血液中的乳酸、尿酸含量就会增加。当它们没有被即使排出体外，就会侵害我们的表皮细胞，让你漂亮的肌肤失去弹性。

◎排毒手指操

印度有一套简洁的排毒手指操，能通过刺激手指来清除体内酸性废物。

用两只手的大拇指、中指和无名指分别相互对压住，而小指和食指则保持伸直状态。保持这种姿势不超过3分钟。每天分配不同时间进行操练，共5次。这样就能经常不断地促进体内排毒。

◎海藻泥排毒

海藻泥湿敷身体一次，它不仅能清洁堵塞的毛孔，促进肌肤顺利排酸，而且还能紧实肌肤，让身心放松，集聚能量。

◎呼吸排毒

倘若你想要进行身体排毒，呼吸是你一个重要的得力助手：呼吸——呼吸不仅给你的身体输送氧气，而且对你的内脏施以按摩，清除体内废物，保持循环系统正常运转和提高人的情绪。

正确的呼吸方法，要通过练习才能掌握：采取直立体姿，手心放在腹部上，这样你才能感觉你的呼吸运动进行是否得当。两眼闭合，用口缓慢地吸气，然后用鼻做腹式深呼气，重复做5次。此外，健康睡眠能促进体内净化进程。肝脏作为人体最大的排毒器官，在凌晨2点钟全力以赴地进行运转并不容干扰，因此，睡眠充足尤其重要。

◎沐浴排毒

碱性浴疗可将积存在皮下组织内的酸性废物冲洗掉，从而使肌肤变得更有弹性、紧实。

你可以选择在浴中添加150至200g含有中草药、花草精华的香氛浴盐泡浴15至30分钟。在浴缸中浸泡的时间越长，浴疗排酸的效果越佳(可根据浴水混浊情况判断)。由于浴疗对人体来说十分辛劳，因此浴后需安排30分钟的休憩时间。如果你想快速浴疗，也可改为淋浴，它也能收到促进肌肤废物代谢和排酸的相同效果。

方法如下：在洁肤后，在浴巾上撒一点浴盐，然后从两脚开始往上搓擦全身，待肌肤略干后，用温水淋浴，将全身冲洗干净。

◎强力按摩法

早晨用丝瓜筋手套对肌肤进行干按摩，它被誉为促进身体排毒的真正妙方。按摩加速血液循环和淋巴流畅通，从而使体内有毒废物易于冲洗出去。通常可采用圈状按摩手法，自下而上地对全身施加按摩力，注意按摩方向为肢体末端向心脏方向。若想提升按摩的效果，在按摩结束后，再用一条预先在添加了苹果酸(比例为1汤匙苹果酸：3升水)的热水中浸泡过并拧掉水分的毛巾来搓擦肌肤。

最理想的对策是定期安排一个清除废物日：饮用1.5升新鲜压榨的果汁或蔬菜浓汁,另外至少还补充饮用2升不含碳酸的矿泉水。平时为了预防酸过度症，你的食谱中的碱性食品如水果、蔬菜等应占80%，而酸性食品如肉类、牛奶、精制面粉食品、咖啡、甜食等只占20%。

教主美贴

如果你身体毒素积累得比较多，想彻底排除但是又不想吃药。那么你可以选择早晨起床的时候喝一大杯水，等水被肌肤吸收后，继续喝一小杯柠檬水，柠檬水可以促进肾脏的循环，激发一天的新陈代谢。喝完后去洗手间排便，你会发现排出的比平时多。排完便后，人很快就会感到饥饿。整个上午都不要进食，就以水来消解饥饿的感觉就可以了。每次喝完水都在大约30分钟后需要排小便，你会发现第一次排的小便，颜色比较黄。第二次的比第一次浅，第三次比第二次浅。整个上午过去了，小便基本上变成了水一样的白色。这样午餐多吃一些蔬菜，不要吃油腻食物，餐后吃水果。身体的毒素就得到了一次大清理。假如你刚过完一晚上的夜生活，也可以采用这种方法来清除身体的毒素。

美丽容颜全凭小元素亮相

“女人要补血”这已经是条铁律，“女人要维生素”这也是条铁律，“女人要补水”是绝对的铁律。维生素，矿物质，水肌肤缺了哪一样都好不了。怎么办？一位做时装设计的女孩爆料：她每天吃过早餐，必然要吃一支名牌补血口服液，上班休息时间掏出维生素一片吞下去，晚上回家吃过饭后，将水膜贴在脸上，一整天补品化妆品像药罐罐不离身。后来有一段时间很忙，除了照样做水膜吃饭什么都不吃，肌肤变得苍白如纸。吃补品的时候同事以为她生病了，不吃补品肌肤可真的病了。随即发现，女人就是离不开一个补字。

吃螺旋藻美容的女孩，都深知螺旋藻富含维生素和矿物质，常吃常美。究竟有多少人知道，包包里那个“药罐罐”，其实有千钧的作用。

微量元素和常量元素是人体中两大元素家族，它们对我们的容颜来说是绝对不可或缺的。我们熟悉的微量元素有铁、铜、锌、碘、硒、锰、硅等等。之所以被称为微量元素，它们在身体里的含量非常少，但是它们确实生命不可或缺的组成部分。人体的铁元素含量稀少，一个成年人的体内，铁的总含量大概不超过4克。缺铁性贫血的人，就是因为身体里铁的含量太低，肌肤才会苍白暗淡。缺铜的女孩肌肤也不好，表现为肌肤干燥，毛发枯黄。因为铜直接参与人的造血过程和多种金属酶的合成。相比缺铁和缺铜，缺锌对肌肤造成的危害更大。锌是人体多种酶的主要成份，加入身体缺锌，人不但头发枯黄，肌肤粗糙，而且食欲不振，反应迟钝。

常量元素在人体中含量远远超过微量，它们都是人体和肌肤的基础。

常量元素主要有钙，镁，硫，磷等等。钙是常量元素的龙头，人们竞相补钙就是为了让骨骼坚硬，牙齿坚固，因为钙是骨骼和牙齿的主要成份，钙能够维持细胞的正常生理功能。缺钙女孩大多肌肤无光泽，显得粗糙，补钙对肌肤来说也是一门必修课。磷也主要分布在骨骼和牙齿里，它是细胞核蛋白的重要构成成份，参与血液酸碱平衡，缺磷的女孩肌肤问题不断。人身体里镁的含量一般都很高，大约在25克左右。镁主要参与核糖核酸和去氧核糖核酸的合成，缺镁人的四肢会颤抖，肌肤显得粗糙缺乏光泽度。

除了矿物质，一瓶质地好的维生素片是必需的。维生素中的VC，是绝对的美白天使；VE是肌肤修复的圣母；而VB能增强身体抵抗力，使肌肤健康光泽。在这我们不得不提一下叶酸，叶酸可以称得上是维生素家族中的大牌明星了。

缺乏叶酸人体的红细胞会减少，很多孕妇孕前会服用叶酸使胎儿心脑血管保持正常。叶酸是细胞分裂，制造DNA和RNA不可缺少的物质。缺乏叶酸的人肌肤容易色素沉着，形成黄褐斑。

药品能治病，但是对人体也有害处。女孩们大可不必担心，微量元素是肌肤健康的保证，吃维生素与吃药有本质的区别。微量元素只要服用不要过量，能起到非常好的保健作用，弥补了我们在膳食中摄取不足的缺憾。

教主美贴

是不是吃得小元素越多越好呢？很多人利用维生素来保养，会吃大量的维生素，以为维生素吃多了对身体也没有什么大影响。事实上不是这样，维生素分成水溶性和脂溶性两大类。水溶性类的维生素多余部分一般可随尿液排出体外，脂溶性类的维生素A或D，多余者不能排出体外。假如你服用过量的水溶性维生素，可能引起皮疹、浮肿、恶心，草酸尿等症状。假如你服用了过量的脂溶性维生素，比如维生素A和维生素D,可能会引起中毒。其实我们平时只要每天服用维生素C50至100毫克，维生素A2500至3000国际单位，维生素D300至400国际单位，就能达到保健效果了。

女人塑身抓住第二个春天——初潮和孕期

一位年轻美貌的女孩，梦想在T台上展现美妙身姿，却被拒绝了，原因很简单：东方女人以娇小典雅为美，而这位美女拥有过于结实的肩膀和双腿。因为节食减肥的效果并不好，还容易反弹。为了实现模特的梦想，她选择了抽脂。抽脂成功后她的梦想如愿以偿了，在T台上，她尽情展现着自己的风采。可是抽脂的痛苦仅仅过去了三年，在一次试衣中，她轻易地被淘汰了。人的体型受先天基因和饮食习惯的影响，想改变的确很难。尤其是那些做了妈妈的女人，婀娜多姿对她们来说可望而不可即。

无法改变基因，我们可以改变习惯。那些塑身成功的女孩，都有一套迷人的办法。作为女人，我们的生理周期就是最好的塑身时间。把握好生理周期，塑身减肥就能事半功倍。要达到塑身的目的，我们要在体质和孕期中下大功夫。

◎改善体质

当我们月经初潮的时候，在雌激素的影响下，女人的第二性征越来越明显了。先是乳房，然后是臀部，腿部，腰部，神奇的变化出现了。我们的身体每个系统都将发生日新月异的变化，她们在告诉我们这就是女人。而这种神秘的变化，在进入20岁以后减缓了。这几年是身体发育的高峰，每次经期身体阳气大增，人的意志力也很强。身体增长的同时，坚持锻炼，进入20岁以后，体质会有一个大的飞跃。大多月经初潮后就懒于活动的女孩，进入20岁以后身材都非常丰满。等意识到自己体重过重后，减肥就成了家常便饭。此时的减肥，其实效果并不好，因为我们大多是通过节食使自己变瘦。20岁女孩的身体并没有停止发育，减肥会让这些女孩摄取到更少的营养和维生素，导致她们虽然通过努力使体型稍有改变，却付出了巨大的代价。20岁坚持减肥到30岁的女人，大多身体都不好。为了我们以后能拥有窈窕的身姿，从月经初潮开始好好锻炼，坚持游泳做瑜伽，多打网球多跑步。锻炼不会让人变瘦，但是能使人体质更好，身材更好。

◎孕期塑身法

孕期人体的内分泌系统发生了翻天覆地的变化，这个时期人体的激素分泌自动调整，我们要利用这个机会，抓紧世间调整自己的体型。孕期我们为了宝宝健康不能多运动，但是久坐或者嗜睡都会使得产后体型变样。我们可以安排一个好的作息表，饭后胃肠蠕动速度快，营养吸收比较好的时间，尽量不要外出走动。饭后一个半小时，食物消化吸收得比较好后，伸伸胳膊，按摩按摩背。对身体肩膀这个部位要多做按摩，防止肩部酸痛。同时，经常刺激肩部的血液循环，对产后恢复有一定的帮助。坐下来的时候，按摩腿和脚。孕妇的腿和脚承受的压力比较大，很多孕妇容易脚水肿，产后脚变大。这个时候我们不要忽视对腿和脚的保养，这在塑身上有重要的意义。按摩就是在帮助身体做运动，月经初潮后坚持运动能塑造健美体型，孕期在激素调整的过程中帮助肌肤运动，也能获得理想效果。

月经初潮和孕期可以说是改变女人体型两个关键的时期，想要改变体型的女孩，一定要抓住这两个非同一般的机会哦！

教主美贴

孕期和经期都不是塑身的时候。孕期究竟该不该穿塑身衣？最好不穿。大多数塑身衣穿在身上，非常紧绷。肌肤不透气，肌肉不放松，可能还压迫到人的肺和子宫。

爱美的女人都想尽量瘦下来，打造美丽身材的时候，也想能否更瘦些，更美些。

所以大多女孩都会穿小一号的塑身衣。穿上后我们自己的感觉都很压迫，何况如果已经怀孕了呢？自然的好孕是最重要的，孕期不必刻意塑身，更不要穿什么孕期塑身衣。再好的塑身衣对身体对宝宝来说都是多余的。经期要刻意多吃高纤维食物，蔬菜水果和全粒食物，缓解经期不适。多吃肉类、蛋等高蛋白食物，以补充经期所流的营养素和矿物质。

有规律地让自由基归零

女孩们都用过SOD产品，但是对于这款产品的用途却不一定清楚。SOD产生于我们身体的代谢过程，它是现今唯一能清除老化物质的因子。SOD能催化自由基，减少自由基对人体的伤害。对于自由基这个人体永远的敌人，我们必须经常清除它。

自由基是人体阳气代谢过程中产生的垃圾。人呼入的氧气在氧化的过程中每个氧原子都会丢失一个电子，这个丢失电子的氧原子，为了保持稳定，总要四处掠夺人体其他化合物内的电子，以达到本身的平衡。被掠夺走电子的细胞，会复制出有缺陷的细胞，导致疾病的发生。人体每次呼吸就能产生大量的自由基，而SOD会随年龄增长逐渐减少，人体对自由基的清除能力就会减弱，我们不得不配合其他方法一起进行。

食用清除自由基的维生素也是一个好办法。我们可以服用维生素C来美白肌肤。维生素C对防止细胞老化，组织色素沉着有一定的作用，大多数化妆品中都含有一定量的维生素C。

◎使用抗氧化产品

年轻女孩大多对自由基不屑一顾，因为我们感觉不到它存在。到我们三十岁后，就会非常容易发现自由基这个天敌。自由基绝对是美丽的天敌，当自由基大量产生，人的肌肤毛孔会增大，皱纹增多。身体的毒素如果不能及时排出体外，还会上火或者产生炎症。

自由基的产生并不仅仅只有氧化这个途径。紫外线，环境污染都会大量产生自由基。当肌肤受到紫外线的侵害时，色素沉着，面部肤色不均匀。为了抵御自由基的侵袭，我们外出一定要擦防晒产品。

我们来测试一下你的防晒成果是否合格。

防晒霜一般都比较油腻，很少有人觉得擦了舒服。所以女孩们都会在出门前擦上。结果虽然擦了防晒霜，回来依然被晒黑了。其实防晒霜擦到面部15分钟后才会起到比较好的防晒作用。那些出门前才擦上防晒霜的女孩，依然会被骄阳晒黑。

防晒霜是不是防晒指数越高越好呢？我们经常看到的防晒系数有针对紫外线UVB的SPF系数，和能防御紫外线的UVA的PA系数。如果我们只是清晨和下午会出在太阳下活动，那么选择一款SPF15和PA+的防晒霜就可以起到好的保护作用了。如果长时间在太阳的暴晒下活动，则要考虑SPF50和PA+++的防晒霜。防晒霜并不是防晒指数越高效果越好，像SPA50这样的防晒霜，经常擦对肌肤并不好。

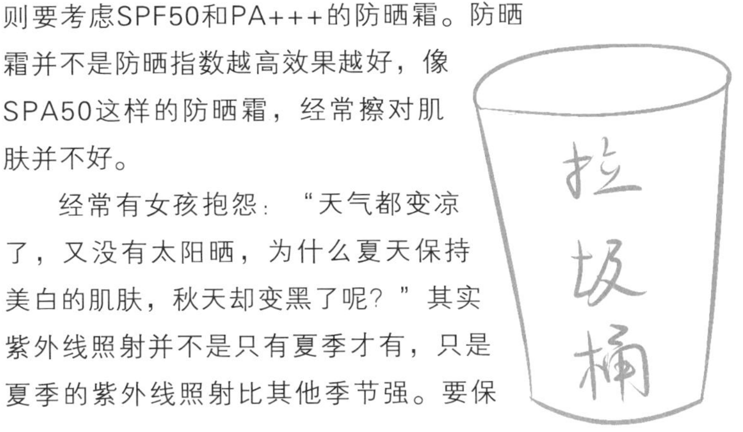

经常有女孩抱怨：“天气都变凉了，又没有太阳晒，为什么夏天保持美白的肌肤，秋天却变黑了呢？”其实紫外线照射并不是只有夏季才有，只是夏季的紫外线照射比其他季节强。要保持白皙的肌肤，我们即使是在冬季，也要擦一层很薄的防晒霜，防止太阳把肌肤晒黑。

教主美贴

自由基使人体衰老，多病，清除自由基不仅要在肌肤保养上下工夫，对周围的环境和自己的生活习惯也要严格把关。有一个资料表明：现在科学家对动物的急性毒性实验中证明，在高浓度香烟的毒害下，使用了自由基清除剂之后，小白鼠的寿命比没有使用自由基清除剂的小白鼠的寿命明显延长，最长的甚至可以延长将近一倍的寿命，并且，基因癌变率大大降低。随着科技的进步，帮助我们清除环境里自由基的产品越来越多了，我们要积极去认识它们，利用它们为生活服务。

打败美丽的“污染源”

印度籍姐妹朗尼和艾米莉从外表完全看不出有任何相像的地方，姐姐朗尼从小跟随母亲生活在印度，身高164CM，肤色较暗，体型也像母亲那样娇小。朗尼文静朴实，向往美好的小城镇生活。因为父亲是印度驻英国大使馆工作人员，妹妹艾米莉从小跟随父亲在英国生活。艾米莉身高173CM，肤色白皙，身材高挑丰满。她的理想是当一名歌手，在社交界出人头地。妙龄的东方美女和西方美女的无论从外貌还是内质都有着天壤之别。造成这种差别的主要原因，有地域造成的生活环境的差别，有气候和人文的因素。身材高挑的西方美女，以丰满性感奔放的外表吸引人；娇媚的东方美女以神秘窈窕和含蓄著称。可见大环境对我们的个体影响非常大。

美丽的外表不但需要涵养它的身体这个载体，还需要注意大环境的供给。我们还要注意自己生活的小环境，生活在灰尘满天污浊的环境中，不但不可能获得娇美的容颜，对健康也是有害的。

女孩们生活的大环境，污染主要有：空气污染、噪音污染、水污染、垃圾污染，饮食污染，家电污染，化妆品污染，衣物污染等等。这里面我们最关心的恐怕就是空气污染，噪音污染和饮食污染，衣物污染了。

二氧化碳污染是空气污染中最普通的一种，二氧化碳主要来源是人的呼吸。人的活动量大，产生的二氧化碳数量也大。在我们剧烈运动的时候，呼出的二氧化碳是静止时的两倍左右。这在健身房是最常见的，现在的健身房虽然空间比较大，但是人比较密集。大多数女孩都喜欢在周末去活动健身，我们经常看见一个普拉提的健身空间能容纳15位女孩，但是周末参加健身的女孩远远超过这个数量。整个房间通风条件是标准的，人员超额，二氧化碳剧增。在锻炼中女孩们经常会感觉恶心，头痛，这是二氧化碳含量增高所致。在这种环境下健身，很难获得健美的身材。

对于噪声污染，年轻的女孩大多都并不在意。经常到迪厅去参加活动，或者发泄情绪，有时熬夜看片，或者在KTV唱歌到通宵。偶然参加一些这些活动，并不会对人的健康和容颜造成大的影响，因为大多活动噪音的分贝都不会超过85分贝。但是经常流连这样的地方，人体会受到很大的伤害。人声、麦克风的噪声、过强的音乐声危害也很严重。噪声能加速心肌衰老，增加心肌梗死发病率。长期接触噪声的人，体内肾上腺分泌增加，出现血管收缩、血压升高、心率加快、头痛健忘、注意力下降、消化力减弱、体力和脑力衰退等一系列不适症状，所以女孩们一定要娱乐适度。

除了外出活动接触的噪音，在家里有些不良生活习惯也是毁掉我们美丽容颜的罪魁祸首。家用电器的不当使用，会导致抑郁、流产，甚至患上癌症。女孩们一旦体质下降，面色不华，都容易联想到自己是否营养不良。事实上，我们都生活在这种新型的家电污染中 ，甚至并没有意识到它们的危害。有的女孩近距离，长时间看电视不洗脸，肌肤会逐渐变得敏感，容易起痘痘。喜欢用微波炉做点心的女孩们，喜欢在微波炉工作的时候，在旁边等候，时间一长发现肌肤瘙痒，面色暗淡，却找不到原因。这些症状都是电磁污染造成的，长时间受到电磁污染又想通过化妆品完全消除这种电磁伤害几乎是不可能的。有的女孩夏季喜欢待在空调屋里，从来不开窗户透气，发现容易头晕，肌肤干燥。以为自己的缺水，给肌肤补水后依然干燥。空调屋如果不定时开窗户透气，房间里的空气会比较污浊，容易头晕。空调屋一般都比较干燥，空调如果不定期清洗，细菌就会衍生，纵然使劲补水也无济于事。

想要将环境对我们肌肤的污染降低到最小值，女孩们要充分了解自己生活的环境和自己作息饮食，杜绝外界带来的危害。采取措施来保护自己。不得不着重提一下注意饮食污染。

零食以味道取胜，最能迎合女孩们的胃口啦。只是这些零食大多是膨化食品或者色素含量超高，比如：爆米花，草莓酱冰激凌，油炸鸡块等等。这些食物对身体并没有任何好处，但是却能流行于世界的各个角落，主要是女孩们缺乏舍弃它们的决心。食物污染是造成容颜憔悴的重要原因，长期吃这些“垃圾食品”，容易上火又容易长痘痘，问题肌肤就是这样产生的，最更可怕的是零食最容易让人发胖。很多女孩看到这里大呼：那还有什么好吃的啊?

其实，很多女孩开心的时候喜欢健美减肥，伤心的时候喜欢吃零食。这似乎变成了现代生活的一种规律，美食美容美事都能给女人带来许多快乐。水果代替早餐，饮料代替开水，却把女人的特殊文化带向了极端。我们都认为是忙碌和工作让女人粉嫩的脸颊变得苍白和疲倦，忽略了一日三餐的重要性。有的女孩为了减肥，每天就吃两个苹果，突然有一天发现，自己面色苍白，食欲不振。很多女孩还会有眩晕的感觉，疲倦不请自到。这种以水果代替早餐的减肥方法，不但对胃的伤害很大，而且由于蛋白质的摄取减少了，身体得不到需要的能量，会产生头晕乏力等症状。那些刚开始减肥，发现有点成果就乐翻天，带着“成为骨感的奥黛丽·赫本的梦想”的女孩请注意了，盲目节食甚至产生厌食症，倒霉的还是自己的身体。

胃是减肥中最痛苦的脏器，其实胃不仅仅需要定时定量的食物，而且为了节食只摄入单调的食物也让胃欲望得不到满足。很多女孩减肥超过半年，就开始感觉很疲倦，胃部经常出现疼痛，有烧灼感或半有腹泻腹痛。这些症状说明你的消化系统某一个部位出现了病变，为减肥牺牲了身体的健康，是一件多么不值得的事情。

有资料表明：人体自身不良饮食习惯，食用大量含有色素或添加剂食品，造成肠胃功能代谢紊乱，导致机体过度消瘦或过度肥胖，在食用过热食物的过程中容易造成消化道黏膜细胞损伤，引起溃疡和诱发癌变，在实用过于生冷的食物，一些细菌和寄生虫卵随之进入人体诱发肠炎和寄生虫病。

为了保卫我们美丽的容颜，千万要有“忌口”。

◎衣物污染

自从牛仔裤在世界风行以后，可谓所向披靡，不但在穿着人数上远远压倒其他服饰，在样式上更是千变万化，世界上很少有哪个国家的男人和女人不知道牛仔裤的。的确，女孩们爱牛仔裤有一定的道理，牛仔裤色调淡雅，裁剪贴身，布料厚实能立体地展现女人腿部的线条，又显得年轻活泼。在法国和美国人女人的衣橱里，牛仔裤更是必备的服饰。但是牛仔裤并不适合久穿，尤其是体型丰满的女人。

女孩们经常穿牛仔裤都有一种感觉，虽然是棉布料，但是透气不算很好。大热天要是穿了牛仔裤，膝盖和臀部总是有点湿湿的感觉。很少有人仔细去追求这个问题是否影响到自己的身体健康，因为我们都被自己要求保持美丽的外表："热一点怕什么？"所以闷热的天气里，穿牛仔裤的女孩也大有人在。牛仔裤由于质地较厚，透气性能并不好，加上闷热天气里人体分泌大量的汗液，使得阴部的湿气没有办法散发出去，一天下来就会产生异味，这种环境细菌最容易滋生。很多女孩总是苦恼自己平时爱沐浴，经常洗衣物，却依然患有阴道炎和湿疹，其实都是衣裤穿着不合理惹的祸。

平常我们买衣物也要多注意，即使是名牌也要仔细看好质地，内裤一定要穿浅色和纯棉的。新衣物拿回家别着急上身，一定要清洗干净后晒干了穿。清洗能够去除一部分衣物上残留的化学药剂，晾晒的过程也是杀菌的过程绝，对不可减免。

教主美贴

肌肤不白皙，总觉得不够好看。很多东方美女都羡慕西方美女有着象牙一样白皙的肌肤。可是使用美白剂来美白，存在很多潜在的危险。有很多祛斑化妆品含有无机汞和氢醌等有毒的化学药品，而一些增白霜中的汞是氟化汞和碘化汞，容易被肌肤吸收后导致慢性积聚，引起局部或全身性的毒副反应，有的人使用后过敏。最好不要根据化妆品的价格来判断商品的价值，买一款适合自己肤质的就好。

对饰品污染这个问题，究竟有多少人已经意识到？市场上饰品更新换代特别快，价格很低。假如你随手买了回来，可能戴上后能闻到一些奇怪的气味。最受女人欢迎的钻石，部分也有超过正常值的放射线。为了远离污染，我们在挑选时要仔细查看生产地，生产厂家等标签。

提升胸部水位

女孩们都知道，身材胖一些的女孩，乳房中脂肪的积聚也相应多一些。排骨美人很少见有乳房非常丰满的。胸部小的女人可以多吃一些蛋类、瘦肉、花生、核桃、芝麻来使体型变得丰满一些。体型丰满的同时，乳房，臀部的脂肪积累也相应增加了。胖一些的女孩，乳房丰满会产生许多自豪感。胸部的傲人曲线，是女人风采的象征。但是随着年龄的增长，肌肤中胶原蛋白的流失，肌肤松弛，胸部也逐渐失去了青春挺拔的模样。这时，我们发现胸部丰满的女人，胸部“水位”下降得比身材瘦弱的女人严重。发现自己胸部下垂的大多是新妈妈，为产后身材变形走样伤心难过。其实，胸部的锻炼并非一定要等待产后，孕期采用一些日常的锻炼对怀孕是有好处的。对未婚女孩来说，锻炼对以后保持身材有重要作用。

如何提升胸部“水位”呢？好孕妈妈可以每天做一些简单的胸部运动。

◎卧式健胸操

孕妈妈躺在床上或者沙发上。

第一套

前半部动作：双臂伸开与肩膀平齐，稍微用力握拳，拳心相对，双臂逐渐举起。

后半部动作：停留瞬间再逐渐放下，放下至与肩平齐时，胸部向上挺起15秒。

期间要配合深呼吸做，整个动作连续做20次。

第二套

前半部动作：双臂过头顶向后伸直，挺胸，下巴上扬，眼睛看手。

后半部动作：双臂分开，下行至与肩膀平齐，再在胸前交叉，轻轻用力托住乳房15秒。然后放松双臂，抬起过头顶向后伸直。

◎新妈妈健胸操

生产过后的新妈妈面对变形的身材，最希望能在最快的时间里恢复“原形”。很多新妈妈锻炼了几个月以后，发现自己的身材依然很难恢复到从前的样子，只好选择了胸部整形手术。做出这个选择非常困难的，但是大多新妈妈都是出于无奈才出此下策。难道产后我们只有整形才能恢复到从前的坚挺吗？不，办法很多，那些锻炼没有收到好的效果的新妈妈们，往往没有根据自己的情况来做好长远的打算。在现代，运动塑胸依然是最天然最快捷的办法。我们来看看这些好能帮助我们恢复美丽的妙招吧：

◎“旁敲侧击”法

因为胸部主要是脂肪的积聚，要想提升胸部，必须将乳房中过多的脂肪消耗掉，然后再拉紧乳房局部的肌肤。乳房是一个软组织，我们不能用手用力按摩它，只能通过拉紧乳房上部——颈部和肩部的肌肉，乳房下部——腰部腹部的肌肉，这样配合锻炼才能收到好的效果。

颈部肩部：每天增加颈部活动量，用双手抱头，沿着肩部前后左右拉伸颈部，每次5分钟，使颈部和肩部均有酸胀和紧张感。这种锻炼方法能使颈部肌肉和肩部肌肉同时得到锻炼。经过15天的锻炼，你会发现颈部和肩部变得结实了，胸部的肌肤也变紧了。

腰部腹部：收紧腰腹部在提升胸部的运动中，占有至关重要的地位。同样的，我们要先消耗掉腹部和腰部的脂肪。消耗腹部和腰部脂肪最好的办法，就是像迪士尼乐园里的小朋友那样，经常拿塑圈来转动腰部。大多数塑圈内部都有一些重物，虽然外部是塑料制品，但是柔软不会挫伤肌肤。转动的时候塑圈里的重物更加沉重，转动起来能按摩腰。转动的过程中腰左右扭摆也消耗了大量的能量。我们每次需要转动的时间是5分钟，大约转300下。每次做3组，就能收到很好的效果。

这种虽然不直接作用乳房，但是能使乳房坚挺的配合锻炼法就是“旁敲侧击”法。只要我们能够坚持下去，效果远比盲目地跑步，挥汗如雨地做健身操好。

有的女孩问我，是不是只有孕妈妈和新妈妈的乳房容易下垂呢？不是，所有的人年龄增长的过程中，都逐渐会出现乳房下垂的现象。所以我们不必惊慌。如果你的胸围过大，那么一定要早早开始锻炼，因为较大的胸部下垂的速度比胸部较小的女孩快。我们平时该如何注意这个问题呢？

假如你的胸部是75C杯的，建议你购买侧边宽的文胸，一定要有钢圈的。如果需要可以买一个胸托，这样会让你的胸部坚挺一些。同时平时注意饮食，不要吃太油腻的东西，减少脂肪的摄入量。一定要增加锻炼，使胸部保持坚挺。

假如你的胸部是75B杯的，穿衣服一定自我感觉良好。那么保持美好的胸型是你最需要做的事情了。每次买文胸，一定要购买那种具有托胸效果的。很多女孩认为自己的胸围并不小了，还用托胸的，这样会使胸部看起来太挺拔。事实上，为了乳房能保持美好的造型，这是非常必要的。

假如你的胸部是75A杯的，你可以选用一些具有丰胸效果的精油，经常按摩乳房。按摩的时候将精油放一点在手心中，沿着乳房打圈，不要用力按压。丰胸要有效果，必须持续按摩半年左右的时间。如果你认为精油按摩太浪费时间，可以在饮食上下功夫，多吃一些瘦肉，蛋，乳类食品等等。

教主美贴

罩杯的大小，并不能代表胸部美观程度。除了外部轮廓好以外，美观的胸部应该是挺拔富有弹性的。胸部的大小要能够与体型形成和谐的比例，否则过大的胸部会给人以臃肿的感觉，而过小的胸部则让人感到太平坦。如何打造坚挺的胸部，保持和谐的比例呢？你可以选择一些使胸部显得健美的体操或者瑜伽。另外，采用精油紧致方式也是不错的选择。

对于那些过大的胸部你需要戴有钢圈的胸罩，或者使用胸罩托。同时配合精油按摩，能够使乳房坚挺些。而对于想丰胸的人来说，精油也有不错的效果。精油是涂抹的，用适量的精油涂抹在胸部，用手指在上面打圈。每天坚持做，肯定是有效果的。虽然每个人希望的效果不同，但是我们必须坚持下去才能看到希望。

做自己的美丽CEO，晚间护理在三大黄金细节

朴惠妍很喜欢晚上喝牛奶，朋友们都称她是“牛奶美人”。她的肌肤的确如同牛奶一般白皙润滑，还富有弹性，她并不完全是靠牛奶保养出来的。因为她每天睡前也不过就是喝半杯牛奶，刚过40的她显得更像30岁的女人。朋友们每次像她讨要保养秘籍，得到的一句话就是：“睡前要自然，睡时要舒适。用天然的化妆品来保养，做自己美丽的CEO”。这个CEO可不好做，说来有好多条条道道呢。

朴惠妍每天晚上吃晚餐都很注意饮食顺序，晚餐基本都吃素食。如果餐点比较杂，就先吃一些素食再吃其他的。因为蔬菜消化得比较快，假如先吃肉食，肉食消化慢，会让吃进去的素食淤积在胃里发酵，这样不利于消化吸收。无论碰到女孩多爱吃的东西，都尽量不要吃得太饱。否则血液都集中到胃部去消化食物，身体和脸的血液流量减少了，会让肌肤显得比较苍白。晚餐别喝酒，少吃油腻的食物，胃不会负担太重。晚上饱食的女孩虽然过了嘴瘾，但是晚餐吃得少的女孩大约胃会在3小时

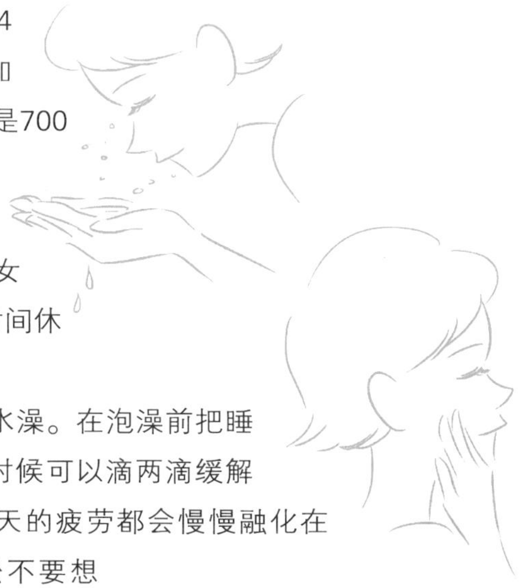

左右排空。吃得太饱，胃会在4至5个小时才排空。胃每天增加了2个小时的消化时间，一年就是700多个小时。会比较疲劳。而且胃没有排空，睡觉相对不会太舒服。所以，真正会养颜的女孩，晚餐一定要少吃，给身体时间休息，给身体一点轻松的时间。

餐后2至3个小时，泡泡热水澡。在泡澡前把睡袍烘暖，留备洗完穿上。泡澡时候可以滴两滴缓解神经紧张的精油，这个时候一天的疲劳都会慢慢融化在水里。泡澡的时候，尽量放松不要想白天的事情。很多女人都很难做到这一点，喜欢在泡澡的时候胡思乱想。这样大大降低了泡澡的效果，泡澡正是为了消除疲劳，消除烦恼，培养起一种闲逸舒适的感觉。泡完后疲劳尽消，你一定要坐下来擦干身体，免得消耗刚刚恢复的精神。泡完如果直接睡觉，肌肤泡澡时补充的水分很快就干了，肌肤也会显得比较干燥。所以要给喝饱水的饥饿肌肤锁水。锁水的方法很简单，擦干身体后擦一点润肤露，轻轻地按摩促进身体吸收。尤其在春季肌肤非常干燥，这时千万不能直接睡，不要错过给肌肤补充营养的机会。润肤露擦在身上，很快就被吸收完了。这时穿上暖暖的睡衣，肌肤还会把睡衣上的暖气吸收掉，能让肌肤更加富有弹性。最忌讳洗完后感觉身体比较温暖，不穿睡衣或者吹干身体，这样只会加速水分流失。

做完这一步，你是不是就干脆躺在床上等待瞌睡虫的降临呢？不要等待，你也可以做个像朴惠妍一样的牛奶美人哦。牛奶具有催眠的神奇功效，为了保持洗澡的美容功效，洗完澡还是尽快入睡的好。你可以将牛奶倒进杯中，然后稍微加热，温牛奶对肠胃也有“安抚”作用。在牛奶吸收的过程中，瞌睡虫就来敲门了。这个方法对那些洗澡后头脑反而更清醒，入睡时间要推迟的女孩最好用啦。洗澡的过程中毛孔张开为身体排出了一些废物，但是也消耗了一定的能量，所以，为了保持温暖的容颜，还是早点入睡的好啊。

我们前面已经讲过，睡觉前一定要把脸上的妆容清除得非常干净才行。如果不清洁干净，夜间肌肤呼吸和排泄废物就会受到一定的阻碍，尤其对于那些油性肌肤的女孩，千万不要等到发现脸上出现痘痘再注意睡前保养哦。清洁干净只是最基本的一步，有的女孩早晨醒来，虽然睡得非常好，依然会出现眼睛红肿的现象。注意这里说的不是黑眼圈和细纹。朴惠妍在15年前就已经发现这种现象了，而对付眼睛红肿的化妆品并没有问世。女孩们发现早晨起来眼睛红肿，会归罪于没有睡好。其实这也是个误区。

没有睡好可能是造成眼睛红肿的一个原因，但是大多数的眼睛红肿现象并不是来自于睡眠的。无论是卸妆还是清洁面部，大家对眼睛的保研仅仅限于：补充水分，补充胶原蛋白等等。谁想过一天下来，到入睡的时候，眼睛周围没有被吸收的保养品，夹杂着灰尘，在洗脸的时候没有被清除掉，伴随你一起入眠了。晚上肌肤出汗，眼睛分泌物都会带着这些残留物进入眼睛。眼睛在整晚的刺激下，变得红肿。被残留物刺激的眼球，时间长了会出现视物不清晰的现象。你可千万别归罪于是用眼不健康，或者在电脑前“奋斗”造成的。晚上眼睛也在休息，残留物就成了休息和恢复最大的障碍了。

女孩们是否会大吃一惊？原来多年醒来就发现眼睛红肿，居然是化妆品残留物造成的，难怪眼睛红肿滴眼药水的时候，眼睛会很酸痛，原来眼球本来就不洁净。还有多少女孩没有把眼睛的清洁纳入你的保养范围呢？

洗澡注意锁水，能保持肌肤水分。睡眠时喝牛奶能给你温暖容颜。而最终要的，如何保持你明亮的眼睛，你完全可以在卸妆的时候，用棉球蘸一点眼部的清洁液，放在眼皮及睫毛上15分钟，然后用棉花轻轻擦拭干净。如果你觉得清洁得不太干净，可以用棉花再蘸些凉开水清洁一下。

教主美贴

颈部的保养除了每天擦乳液以外，最好能抽点时间对它进行按摩。按摩前用温热的毛巾擦拭后包3至5分钟，使颈部的肌肤毛孔张开。这样乳液更容易吸收。

要定时给唇部做护理，去除唇部的死皮。你可以用一点白糖，撒在嘴唇上，用食指在唇面左右来回按摩。用清水洗去死皮后，别忘记了图上润唇膏。

双眼特别容易浮肿的人，可以在睡前把用过的茶包放入冰箱内冷藏。早晨起来后取来贴敷在眼皮上。短短几分钟，能明显击退浮肿。但是建议最好不要睡前喝过多的水，夜里水分代谢不掉，容易造成眼部浮肿。

无论是夜间护理还是白天护理，最容易忽视的就是脚了。双脚在高跟鞋的压迫下已经比较疼痛。我们可以用热水泡脚后，给脚擦伤乳液滋润一下。

断食，可以因人而异的养颜法

如今断食养颜已经在亚洲的很多国家盛行起来，断食能够帮助我们排出身体毒素，还能够提高身体的免疫功能，断食能使吞噬细胞活力加强，甚至能发挥比平时高出10倍以上的作用，能及时消灭进入人体的病菌。可以说对于美容来说，也是一个非常好的方式。断食帮助肌肤排毒，还能够提高肌肤的自愈能力。我们可以利用节假日，拟定1至3天的断食计划，超过3天以上的断食，需要在医生或者专家的指导下进行。

断食的实施并不是想到就可以开始执行的，我们需要在计划实施前三天，就开始一点点减少食物的摄入。假如你没有准备好，而选择某天突然断食，那么可能会造成头晕。

◎断食提高肌肤自愈能力

我们的肌肤开始出现痘痘，或者春季感到干痒的时候，你可以采用断食的方法，来恢复肌肤的自愈能力。

白天要用温水洗脸，尽量不要用有泡沫的洁面乳。洗完后给肌肤补水，但是不要擦乳液。因为断食是为了提高肌肤自愈能力，假如你希望得到更好的效果，可以根据个人肌肤的状况，选择是否擦化妆品。一天时间，肌肤的瘙痒会逐渐消失。这时再用清水洗脸后，擦上化妆水，保湿精华，肌肤的状态会很好。

如果你不能坚决执行肌肤断食的方法，也可以折中一下：坚持使用乳状的洁面乳，温水洗脸颊后，不要用力过大，会损伤肌肤。洗完后少搽一些保养品，给肌肤透气的机会。

有的女孩很聪明，发现天然的东西对肌肤更好，比如芦荟。有位女孩在给肌肤断食一天后，坚持不擦任何东西。等到第二天，肌肤上的小红点都下去了，然后用芦荟汁轻轻擦拭面部，发现面部肌肤的吸收能力也增强，吸收了芦荟汁后很快就变得柔滑富有弹性，以至于她干脆不想给肌肤擦化妆品了。这种天然的植物汁液，并不一定适合那些过敏肤质的女孩。所以我们在给肌肤断食的时候，一定要先测试一下你想在断食以后给肌肤补充的营养，是否能够让肌肤接受。

除了肌肤的断食方法，断食疗法还可以应用到一日三餐上。断食能够提高人的肠胃功能，使一些疾病自愈。但是有一些人是不能采用断食方式来提高身体机能的：

1. 身体虚弱，患有急性病的人。

2. 精神萎靡的人，患有

结核病的人。

断食期间我们要遵守一些法则，断食期间严禁抽烟喝酒，不能喝刺激性的饮料，禁止性生活。不能在水温过热的浴缸里泡澡，假如断食期间你感到没有办法忍受饥饿，一定要终止断食，否则会发生一些意想不到的事。当我们断食结束，不能立即就开始吃正餐，要以米汤为主，知道肠胃功能逐渐恢复，才能开始进食主餐。断食最好不要一个月内连续做几次，这样身体的承受能力增强了，但是得不到充足的营养，也会发生一些疾病。

教主美贴

身体也能净化，断食能达到排毒的目的。一天或者半天的时间就够了。断食期间身体的排泄功能增强了，大小肠的蠕动量减少，肠胃得到了休息。那些常年积累起来的毒素无法贴服在肠壁上，就逐渐脱落下来，被排出体外。断食的确是帮助你净化肠胃和血液的好办法。据说断食是动物界最自然的体内环保方法，通过切断外界的补给，使身体燃烧掉那些过剩的脂肪和糖类，达到净化身体的目的。假如你想给身体来一次小环保，选择这个办法是不错的。

后　记

每个女人都像花一样，千娇百媚却又各不相同。保持童颜，永远年轻是每个人的梦想。

可是有的女人，长期失眠、手脚冰凉、月经不调，整个人看起来比实际年龄老了好几岁。

其实，根本的原因是由于身体内里的循环系统或调理机制出现了问题，女人想要展现出最自然、最健康的美颜，必须从身体的根本入手，由内而外地进行保养。

读了这本书之后，你会觉得，保养确实是要从日常生活出发，从点点滴滴入手。苏兰教主已经告诉了我们把自己变美的最从容、最有成果的秘籍。

你的年龄不可能再变小，你却可以变得更健康、更青春、更有活力。让每个爱美的女人永远都是美美的，这也是作者写本书的意义所在。